plurall

Parabéns!
Agora você faz parte do **Plurall**, a plataforma digital do seu livro didático!
Acesse e conheça todos os recursos e funcionalidades disponíveis para as suas aulas digitais.

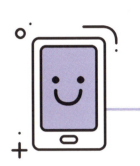

Baixe o aplicativo do **Plurall** para Android e IOS ou acesse **www.plurall.net** e cadastre-se utilizando o seu código de acesso exclusivo:

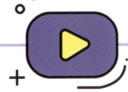

AAPC6ZHHR

Este é o seu código de acesso Plurall. Cadastre-se e ative-o para ter acesso aos conteúdos relacionados a esta obra.

 @plurallnet
 @plurallnetoficial

MARCHA CRIANÇA

3º ANO ENSINO FUNDAMENTAL

HISTÓRIA E GEOGRAFIA

Maria Teresa Marsico

Licenciada em Letras pela Universidade Federal do Rio de Janeiro (UFRJ). Pedagoga pela Sociedade Unificada de Ensino Superior Augusto Motta. Atuou por mais de trinta anos como professora de Educação Infantil e Ensino Fundamental das redes municipal e particular do estado do Rio de Janeiro.

Maria Elisabete Martins Antunes

Licenciada em Letras pela Universidade Federal do Rio de Janeiro (UFRJ). Atuou durante trinta anos como professora titular em turmas do 1º ao 5º ano da rede municipal de ensino do estado do Rio de Janeiro.

Armando Coelho de Carvalho Neto

Atua desde 1981 com alunos e professores das redes pública e particular de ensino do estado do Rio de Janeiro. Desenvolve pesquisas e estudos sobre metodologias e teorias modernas de aprendizado. Autor de obras didáticas para Ensino Fundamental e Educação Infantil desde 1993.

Vívian dos Santos Marsico

Pós-graduada em Odontologia pela Universidade Gama Filho. Mestra em Odontologia pela Universidade de Taubaté. Pedagoga em formação pela Universidade Veiga de Almeida. Professora universitária.

editora scipione

editora scipione

Direção Presidência: Mario Ghio Júnior
Direção de Conteúdo e Operações: Wilson Troque
Direção editorial: Luiz Tonolli e Lidiane Vivaldini Olo
Gestão de projeto editorial: Tatiany Renó, Juliana Ribeiro Oliveira Alves (assist.)
Gestão de área: Brunna Paulussi
Coordenação: Mariangela Secco
Edição: Caren Midori Inoue, Érica Lamas, Erika Domingues Nascimento, Fabiana Lima, Luiza Delamare, Maria Luísa Nacca, Simone de Souza Poiani
Planejamento e controle de produção: Patrícia Eiras e Adjane Queiroz
Desenvolvimento Página +: Bambara Educação
Revisão: Hélia de Jesus Gonsaga (ger.), Kátia Scaff Marques (coord.), Rosângela Muricy (coord.), Ana Curci, Ana Paula C. Malfa, Brenda T. M. Morais, Claudia Virgilio, Diego Carbone, Gabriela M. Andrade, Hires Heglan, Kátia S. Lopes Godoi, Lilian M. Kumai, Luiz Gustavo Bazana, Patricia Cordeiro, Patrícia Travanca, Vanessa P. Santos; Amanda T. Silva e Bárbara de M. Genereze (estagiárias)
Arte: Daniela Amaral (ger.), Claudio Faustino (coord.), Daniele Fátima Oliveira (edição de arte)
Diagramação: Casa de Ideias
Iconografia e tratamento de imagem: Sílvio Kligin (ger.), Denise Durand Kremer (coord.), Iron Mantovanello (pesquisa iconográfica), Cesar Wolf e Fernanda Crevin (tratamento)
Licenciamento de conteúdos de terceiros: Thiago Fontana (coord.), Liliane Rodrigues e Angra Marques (licenciamento de textos), Erika Ramires, Luciana Pedrosa Bierbauer, Luciana Cardoso Sousa e Claudia Rodrigues (analistas adm.)
Ilustrações: Paula Kranz (Aberturas de unidade), Cícero Soares, Da Costa Mapas, Douglas Galindo, Fabio Sgroi, Ilustra Cartoon, Osni de Oliveira, Rlima, Vanessa Prezoto
Cartografia: Eric Fuzii (coord.), Robson Rosendo da Rocha (edit. arte)
Design: Gláucia Correa Koller (ger.), Flávia Dutra (proj. gráfico e capa), Erik Taketa (pós-produção) e Gustavo Vanini (assist. arte)
Ilustração e adesivos de capa: Estúdio Luminos

Todos os direitos reservados por Editora Scipione S.A.
Avenida das Nações Unidas, 7221, 1º andar, Setor D
Pinheiros – São Paulo – SP – CEP 05425-902
Tel.: 4003-3061
www.scipione.com.br / atendimento@scipione.com.br

Dados Internacionais de Catalogação na Publicação (CIP)

```
Marcha criança história e geografia 3º ano / Maria Teresa
   Marsico... [et al.]. - 14. ed. - São Paulo : Scipione,
   2019.

   Suplementado pelo manual do professor.
   Bibliografia.
   Outros autores: Maria Elisabete Martins Antunes, Armando
Coelho de Carvalho Neto, Vivian dos Santos Marsico.
   ISBN: 978-85-474-0210-5 (aluno)
   ISBN: 978-85-474-0211-2 (professor)

   1.  História (Ensino fundamental). 2. Geografia
(Ensino fundamental). I. Marsico, Maria Teresa. II.
Antunes, Maria Elisabete Martins. III. Carvalho Neto,
Armando Coelho de. IV. Marsico, Vivian dos Santos.

2019-0100                                     CDD: 372.89
```

Julia do Nascimento - Bibliotecária - CRB-8/010142

2023
Código da obra CL 742224
CAE 648300 (AL) / 648301 (PR)
14ª edição
4ª impressão
De acordo com a BNCC.

Impressão e acabamento Gráfica Elyon

Uma publicação

Os textos sem referência foram elaborados para esta coleção.

Paula Kranz/Arquivo da editora

Com ilustrações de **Paula Kranz**, seguem abaixo os créditos das fotos utilizadas nas aberturas de Unidade:

HISTÓRIA – UNIDADE 1: Palco de teatro: Tinxi/Shutterstock, **Banco de praça:** GalapagosPhoto/Shutterstock, **Carrinho de pipoca:** Radiokafka/Shutterstock, **Árvores:** Ken StockPhoto/Shutterstock, **Placa de madeira:** frescomovie/Shutterstock, **Lixeiras:** BIRTHPIX/Shutterstock;

HISTÓRIA – UNIDADE 2: Papel de parede: riekephotos/Shutterstock, **Sala 1:** JasminkaM/Shutterstock, **Sala 2:** Tuzemka/Shutterstock, **Poltrona:** Sebastian Enache/Shutterstock, **Sala 3:** MAX BLENDER 3D/Shutterstock, **Chapéu:** Bobby Scrivener/Shutterstock, **Moldura:** pornvit_v/Shutterstock, **Sofá:** Dimj/Shutterstock;

HISTÓRIA – UNIDADE 3: Escorregador: Boris Medvedev/Shutterstock, **Biblioteca:** Vereshchagin Dmitry/Shutterstock, **Flores:** schab/Shutterstock, **Revistas:** Niloo/Shutterstock, **Banco de praça:** GalapagosPhoto/Shutterstock, **Carro:** risteski goce/Shutterstock, **Gramado:** Tusumaru/Shutterstock, **Jornal:** lisheng2121/Shutterstock, **Árvores:** Ken StockPhoto/Shutterstock, **Escola:** Paolo Querci/Shutterstock, **Ônibus:** michelaubryphoto/Shutterstock, **Carrinho de supermercado:** Ljupco Smokovski/Shutterstock;

HISTÓRIA – UNIDADE 4: Barracas: Richard Peterson/Shutterstock, **Chapéu:** Songkran Wannatat/Shutterstock.

GEOGRAFIA – UNIDADE 1: Carro: Thomas Barrat/Shutterstock, **Celular:** iStock/Getty Images, **Ponto de ônibus:** Pres Panayotov/Shutterstock, **Rua e casas:** Olesya Kuznetsova/Shutterstock;

GEOGRAFIA – UNIDADE 2: Trator: GordanD/Shutterstock, **Poste:** Maciej Bledowski/Shutterstock, **Supermercado:** Sorbis/Shutterstock, **Teatro:** Francesco Scatena/Shutterstock, **Carro:** Avatar_023/Shutterstock, **Vacas:** Svietlieisha Olena/Shutterstock;

GEOGRAFIA – UNIDADE 3: Paisagem: Alice-D/Shutterstock, **Casas:** Francesco Scatena/Shutterstock, **Vaca:** Svietlieisha Olena/Shutterstock;

GEOGRAFIA – UNIDADE 4: Caneta: Phant/Shutterstock, **Mesa:** ANTHONY PAZ/Shutterstock, **Relógio:** monticello/Shutterstock, **Lousa:** SeDmi/Shutterstock, **Mesa redonda:** kibri_ho/Shutterstock, **Porta:** rangizzz/Shutterstock, **Revestimento de madeira:** naruedech nunta/Shutterstock.

APRESENTAÇÃO

Querido aluno

Preparamos este livro especialmente para quem gosta de estudar, aprender e se divertir! Ele foi pensado, com muito carinho, para proporcionar a você uma aprendizagem que lhe seja útil por toda a vida!

Em todas as unidades, as atividades propostas oferecem oportunidades que contribuem para seu desenvolvimento e para sua formação! Além disso, seu livro está mais interativo e promove discussões que vão ajudá-lo a solucionar problemas e a conviver melhor com as pessoas!

Confira tudo isso no **Conheça seu livro**, nas próximas páginas!

Seja criativo, aproveite o que já sabe, faça perguntas, ouça com atenção...

... E colabore para fazer um mundo melhor!

Bons estudos e um forte abraço,

Maria Teresa, Maria Elisabete, Vívian e Armando

Paula Kranz/Arquivo da editora

CONHEÇA SEU LIVRO

Veja a seguir como seu livro está organizado.

UNIDADE
Seu livro está organizado em quatro Unidades. As aberturas são compostas dos seguintes boxes:

Entre nesta roda
Você e seus colegas terão a oportunidade de conversar sobre a imagem apresentada e a respeito do que já sabem sobre o tema da unidade.

Nesta Unidade vamos estudar...
Você vai encontrar uma lista dos conteúdos que serão estudados na unidade.

O TEMA É...
Comum a todas as disciplinas, a seção traz uma seleção de temas para você refletir, discutir e aprender mais, podendo atuar no seu dia a dia com mais consciência!

VOCÊ EM AÇÃO
Você encontrará esta seção em todas as disciplinas. Em **História** e **Geografia**, ela propõe atividades práticas e divertidas, pesquisa e confecção de objetos.

AMPLIANDO O VOCABULÁRIO
Algumas palavras estão destacadas no texto e o significado delas aparece sempre na mesma página. Assim, você pode ampliar seu vocabulário.

TECNOLOGIA PARA...
Boxes que sugerem como utilizar a tecnologia para estudar o conteúdo apresentado.

ATIVIDADES

Momento de verificar se os conteúdos foram compreendidos por meio de atividades diversificadas.

SAIBA MAIS

Boxes com curiosidades, reforços e dicas sobre o conteúdo estudado.

Ao final do livro, uma página com muitas novidades que exploram o conteúdo estudado ao longo do ano.

Material complementar

CADERNO DE CRIATIVIDADE E ALEGRIA

Material que explora os conteúdos de História e Geografia de forma divertida e criativa!

CADERNO DE MAPAS

Material que traz novos conteúdos para você aprender mais sobre os mapas e outras representações cartográficas.

O MUNDO EM NOTÍCIAS

Um jornal recheado de conteúdos para você explorar e aprender mais! Elaborado em parceria com o Jornal *Joca*.

Quando você encontrar estes ícones, fique atento!

 No caderno  Em dupla  Em grupo

SUMÁRIO GERAL

HISTÓRIA

UNIDADE 1 — DIREITOS E DEVERES DAS CRIANÇAS 8

UNIDADE 2 — A HISTÓRIA DAS FAMÍLIAS 36

UNIDADE 3 — O BAIRRO E O MUNICÍPIO 64

UNIDADE 4 — IDENTIDADE E CULTURA 88

GEOGRAFIA

UNIDADE 1 — REPRESENTAÇÃO E ORIENTAÇÃO 110

UNIDADE 2 — AS ATIVIDADES ECONÔMICAS DO MUNICÍPIO 142

UNIDADE 3 — A PAISAGEM 176

UNIDADE 4 — O MUNICÍPIO E AS LEIS 218

BIBLIOGRAFIA 240

HISTÓRIA

SUMÁRIO

UNIDADE 1 — DIREITOS E DEVERES DAS CRIANÇAS ... 8

- ≥1≤ **Você e a sua história** ... 10
  - Ser criança ... 14
- ≥2≤ **Crianças têm direitos e deveres** ... 18
  - Direito de estudar e aprender ... 21
  - Escola para todos ... 26
- **O tema é...** → Direito à saúde ... 30
- ≥3≤ **Eu e os meus grupos** ... 32
- **Você em ação** → Jogando *tsoro yematatu* ... 34

UNIDADE 2 — A HISTÓRIA DAS FAMÍLIAS ... 36

- ≥4≤ **Os membros da família** ... 38
  - A minha família ... 39
- ≥5≤ **Vida em família** ... 42
- ≥6≤ **Organização e rotina familiar** ... 45
- **O tema é...** → A divisão de tarefas entre os indígenas ... 48
- ≥7≤ **Tempo e memória** ... 50
- ≥8≤ **As relações familiares** ... 54
  - Árvore genealógica ... 57
  - Famílias brasileiras ... 58
- **Você em ação** → Divulgando uma festa regional ... 62

UNIDADE 3 — O BAIRRO E O MUNICÍPIO 64

- **9** A vizinhança 66
  - Espaços de convivência 67
  - Os bairros 70
  - A convivência nos bairros 71
  - O seu, o meu e o nosso 72
- **10** O município 74
  - Serviços essenciais 75

O tema é... → Trabalho: mudanças e permanências 78

- **11** Bairros e municípios têm história 80

Você em ação → Criando o município ideal 86

UNIDADE 4 — IDENTIDADE E CULTURA 88

- **12** A nacionalidade 90
  - Identidade e identidade cultural 92
- **13** Brasil multicultural 94
  - Cultura indígena 98
  - Cultura afro-brasileira 101

O tema é... → As culturas indígenas e afro-brasileiras e sua relação com a natureza 106

Você em ação → Jogando com palavras 108

Cesar Diniz/Pulsar Imagens

7

1 VOCÊ E A SUA HISTÓRIA

Estamos começando mais um ano escolar.

É hora de rever amigos do ano passado e conhecer novas pessoas. Os amigos que você fez desde que entrou na escola já fazem parte da sua história. No futuro, você vai se lembrar de muitos deles e das coisas que fizeram juntos.

Além disso, neste e nos próximos anos, você vai estudar coisas novas e interessantes. Esses conhecimentos também vão fazer parte de sua história. Tudo o que você viveu e vive faz parte da sua história.

Nós aprendemos o tempo todo com as pessoas com quem convivemos e com as experiências pelas quais passamos. Algumas dessas experiências são mais marcantes que outras, mas todas são importantes em nossa vida.

Tudo o que acontece com você faz parte da sua história de vida. E a história de cada um de nós pode ser contada a partir de vários acontecimentos.

Podemos relatar um fato importante da nossa vida com base em fotografias e lembranças. Na ilustração abaixo um menino está mostrando uma foto que registra um acontecimento marcante em sua infância.

- Você sabe qual acontecimento marcante o menino está mostrando na foto? Você já passou por essa experiência? Converse com os colegas a respeito do acontecimento retratado na ilustração.

Atividades

1 Responda às perguntas.

a) Quando começaram as aulas este ano, você conhecia todos os alunos da sua turma?

....

b) O que você fez para saber o nome dos colegas que não conhecia?

....

....

2 Desenhe algo que você gosta de fazer quando não está na escola.

3 Você também viveu fatos importantes que fazem parte de sua história. Escolha um desses fatos e descreva-o. Use as questões a seguir como roteiro.

a) O que aconteceu?

....
....
....

b) Por que esse fato é importante para você?

....
....
....

c) Quem participou desse fato?

....
....
....

4 Você viu que é possível descrever um fato importante da vida com base em fotos e lembranças.

- Além das lembranças, qual outro registro você tem do fato que descreveu na atividade 3?

    Marque os quadradinhos correspondentes:

    ☐ fotografias antigas

    ☐ documentos

    ☐ anotações

    ☐ brinquedos

    ☐ outro ....

Ser criança

A infância é a primeira etapa da vida do ser humano. Nessa fase, toda criança precisa de cuidados e proteção. Desde bebês, nossos pais ou responsáveis cuidam de nós e garantem nossa proteção e desenvolvimento.

FILHA, NÃO JOGUE O LIXO PELA JANELA!

À medida que crescemos, aprendemos também a nos comportar e a conviver com outras pessoas.

Na escola, também aprendemos com os professores, os colegas e outros profissionais.

A infância é uma fase da vida tão importante que é protegida por lei. No Brasil há um conjunto de leis que garante a toda criança os direitos à convivência familiar e de crescer e se desenvolver de forma segura, receber cuidados médicos

e odontológicos, estudar, ser respeitada em suas crenças e ter tempo para brincar, entre outras coisas. Esse conjunto de leis é o Estatuto da Criança e do Adolescente.

O Estatuto também define que criança é toda pessoa que ainda não tenha completado 12 anos. E adolescente é qualquer pessoa entre 12 e 19 anos.

Embora as crianças não devam trabalhar como os adultos, elas também podem colaborar nas tarefas de casa.

Leia o texto e veja o que Bia pensa sobre o que é ser criança.

Os adultos vivem dizendo que ser criança é uma maravilha. Que é só brincadeiras e diversão. Acho que eles falam isso porque não lembram mais do tempo em que foram crianças.

Ser criança não é tão fácil quanto eles acham. Tudo quanto é adulto quer mandar na gente. Minha avó vive dizendo:

— Menina, não fala de boca cheia, é feio!

Outro dia, fui falar de boca cheia em frente ao espelho para ver se era feio mesmo. E o pior é que também achei... Minha mãe tem suas broncas:

— Menina, abaixe o volume da TV senão você vai ficar surda!

Tudo bem, eu exagero no som, mas ela também não explica como eu vou escutar o que está rolando na TV com os adultos conversando ou com o aspirador de pó ligado...

Mas o pior de ser criança é ter de aguentar aquelas tias que não percebem que a gente cresceu. Elas ficam apertando nossa bochecha na frente de todo mundo. Maior mico. Outro dia eu me revoltei:

— Tia, eu não sou mais uma criança infantil!

Minha tia Sueli ficou meio encabulada, mas reagiu:

— Não? Então o que você é?

Minha vontade era dizer que eu sou uma pré-adolescente, mas achei que ia parecer que eu era muito metida. Então, inventei na hora:

— Já tenho oito anos. Eu sou uma "criança média"!

Bia na África, de Ricardo Dreguer. São Paulo: Moderna, 2018. p. 8 e 9.

- E pra você, o que é ser criança? Como se sente sendo uma "criança média"?

Atividades

1 Quem conta a história que você acabou de ler?

☐ Um adulto. ☐ Uma criança. ☐ Um adolescente.

2 Cada um de nós tem o próprio jeito de ser e opiniões. De acordo com o texto, o que a menina pensa sobre o que é ser criança?

☐ É uma maravilha. ☐ É fácil ser criança.

☐ Não é tão fácil quanto os adultos acham.

3 Escreva o que pensa Bia, a menina do texto, e também sua opinião sobre os seguintes assuntos.

a) Sobre os adultos:

Bia	Você

b) Sobre o pior de ser criança:

Bia	Você

4 Qual é a idade de Bia? O que ela inventou para dizer o que ela é com essa idade?

....

....

5 Qual é a sua idade? O que você acha que é com essa idade? Por quê?

....

....

....

6 As imagens abaixo mostram parte da rotina de Tatiana, uma menina que mora na cidade. Veja o que ela faz.

Em seu dia a dia, Tatiana costuma ir à escola pela manhã. Quando chega, ela almoça e faz a tarefa. Depois costuma brincar e ajudar seus pais nas tarefas de casa.

- A sua rotina se parece com a de Tatiana? Comente as semelhanças e as diferenças.

....

....

....

....

....

2 CRIANÇAS TÊM DIREITOS E DEVERES

Proteger a infância é uma preocupação no mundo todo. Você já ouviu falar em um documento chamado Declaração dos Direitos da Criança? Esse documento foi aprovado em 1959 pela Organização das Nações Unidas, a ONU, e contém os direitos básicos das crianças de todo o mundo. Veja quais são eles.

1 Toda criança do mundo deve ter os mesmos direitos, independentemente de sua etnia, língua, religião, classe social, país de origem ou sexo.

2 Toda criança tem direito a proteção especial. Toda criança deve ser protegida e bem tratada.

3 Desde o dia em que nasce, toda criança tem direito a um nome e a uma nacionalidade.

4 Toda criança tem direito a alimentação, habitação, recreação e assistência médica.

5. Crianças com deficiência física ou mental devem receber educação e cuidados especiais.

6. Toda criança deve crescer em um ambiente de amor, segurança e compreensão. Quando a criança não tiver família, o governo e a sociedade devem protegê-la.

7. Toda criança tem direito de brincar e se divertir e de receber educação escolar gratuita.

8. Em situações de emergência ou acidente, ou em qualquer outro caso, a criança deverá ser a primeira a receber proteção e socorro.

9. Nenhuma criança deverá ser abandonada, sofrer crueldade ou exploração nem trabalhar antes da idade mínima adequada.

10. Toda criança deverá crescer em um ambiente de compreensão, tolerância e amizade, de paz e de fraternidade, protegida contra qualquer tipo de preconceito.

Como você viu, brincar, estudar, ter um lar, alimento e cuidados são direitos de todas as crianças. E é dever dos adultos garantir esses direitos, mas nem sempre é assim. Você provavelmente já viu ou conhece crianças que não têm seus direitos respeitados.

Saiba mais

E criança, tem deveres?

Quanto aos nossos deveres, eles precisam começar pelo respeito ao direito das pessoas com quem convivemos, pois só assim poderemos esperar que elas também nos respeitem. Outro dever nosso é estudar e nos preparar para a vida adulta, [...]

Temos também o dever de respeitar as pessoas que são ou pensam diferente de nós.

Turminha do MPF. Disponível em: <www.turminha.mpf.mp.br/direitos-das-criancas/cidadania/quais-sao-os-direitos-e-deveres-da-crianca>. Acesso em: 27 dez. 2018.

Direito de estudar e aprender

Frequentar a escola é um dos direitos listados na Declaração dos Direitos da Criança e deve ser garantido. O governo tem a obrigação de garantir escolas gratuitas para todas as crianças e adolescentes brasileiros.

● Sala de aula em escola pública em Santaluz, no estado da Bahia, em 2018.

Mas nem todas as crianças têm esse direito garantido. Observe a fotografia abaixo.

● Criança vendendo água em Recife, no estado de Pernambuco, em 2015.

- Por que você acha que isso acontece? Converse sobre esse assunto com os colegas, o professor e as pessoas de sua casa.

Há crianças que não frequentam a escola porque precisam trabalhar para ajudar seus familiares ou porque não há escolas disponíveis para todos no local onde vivem, ou ainda porque moram muito distante da escola.

Direitos e deveres na escola

A escola é um espaço de convivência. Para que a escola funcione bem e todos convivam em harmonia, é preciso colaborar uns com os outros e respeitar todos.

Você conhece seus direitos e deveres como aluno?

Veja os cartazes que esses alunos fizeram sobre seus direitos e os deveres na escola.

Direitos do aluno
- Ter professores capacitados e educados.
- Fazer perguntas e receber respostas para suas dúvidas.
- Dar suas opiniões.
- Estudar em uma sala de aula limpa e arejada.
- Receber alimentação e assistência médica.
- Ser tratado sempre com carinho e respeito.
- Brincar com os colegas na hora do recreio.

Deveres do aluno
- Ser pontual e assistir às aulas todos os dias.
- Prestar atenção nas aulas e fazer as tarefas escolares.
- Cuidar do material escolar.
- Respeitar os colegas, os professores e os outros funcionários da escola.
- Colaborar para a conservação e a limpeza da escola.

- Como ficaria o dia a dia na escola se as pessoas não cumprissem seus deveres? E se não tivessem seus direitos respeitados? Converse com os colegas e o professor.

Atividades

1 Leia a tirinha abaixo do personagem Chico Bento.

• Tira de Chico Bento, de Maurício de Souza, sem data.

a) Quem são os personagens da tirinha e o que está acontecendo?

....

....

b) Qual é o sentimento do personagem Chico Bento? Marque com um **X**.

☐ Indignação

☐ Alegria

☐ Medo

c) A tirinha fala de um dos direitos do alunos. Neste caso, Chico Bento tem razão em reclamar? Por quê?

....

....

....

....

2 Todos merecem ser tratados com respeito. Existem alguns modos bem fáceis de demonstrar respeito, em todos os lugares, por todas as pessoas. Descubra quais são esses modos completando os balões de fala com as palavras do quadro.

> Com licença!
> Muito obrigada!
> Bom dia!
> Desculpe!

3 O professor vai dividir a classe em dois grupos. Um grupo deverá apresentar uma dramatização com o tema "Nossos direitos e deveres". O outro grupo deverá organizar e encenar um programa de televisão intitulado "Os direitos da criança brasileira que não são respeitados".

4 Desenhe uma situação em que os direitos da criança estão sendo respeitados e outra em que esses direitos não estão sendo respeitados. Escreva uma legenda para cada imagem.

- Agora proponha uma solução para o problema que você desenhou.

5 Pense sobre as questões abaixo e converse com os colegas e o professor.

a) Você tem seus direitos respeitados na escola onde estuda? Por quê?

b) Você tem cumprido seus deveres na escola? Justifique sua resposta.

6 Faça a atividade *Toda criança tem direito* da página 3 do **Caderno de criatividade e alegria**.

Escola para todos

No Brasil, toda criança a partir dos 6 anos de idade tem o direito de frequentar uma escola.

E quem garante esse direito?

É dever dos **governantes** construir escolas, contratar professores e outros funcionários, fornecer material e tudo o que for necessário para que as crianças e os jovens possam estudar.

As escolas construídas e conservadas pelo governo são chamadas de **públicas**. Elas são mantidas com os **impostos** pagos pela população.

> **Governantes:** pessoas que governam um município, estado ou país.
> **Impostos:** valores pagos pela população ao governo para a realização de obras e ações.

● Sala de aula do Ensino Médio da Escola Estadual Governador Eurico Valle, em Rurópolis, no estado do Pará, em 2017. O Governo Federal, os governos estaduais e as prefeituras municipais devem oferecer ensino gratuito em todos o ciclos da educação: Ensino Infantil, Ensino Fundamental, Ensino Médio e Ensino Superior.

Além das escolas públicas, há também as **particulares**. Para frequentar essas escolas, é preciso pagar um valor mensal aos proprietários.

As escolas podem ser diferentes

As escolas podem ser diferentes entre si pelo lugar onde estão localizadas e pelo que ensinam.

● Nas escolas indígenas, além de aprender a ler e a escrever em língua portuguesa, os alunos aprendem também a ler e a escrever na língua do seu povo. Escola municipal na aldeia Moikarako, da etnia Kayapó, em São Félix do Xingu, no estado do Pará, em 2016.

Há escolas localizadas na cidade e no campo. Há também escolas para adultos. E elas devem estar preparadas para receber todos os alunos, sem exceção.

● Escola em bairro rural de Santarém, no estado do Pará, em 2017.

● Adultos também podem aprender a ler e a escrever. Adultos estudam no Programa Brasil Alfabetizado (PBA) que visa a alfabetização de jovens, adultos e idosos em Salvador, no estado da Bahia, em 2017.

Atividades

1 A escola onde você estuda é pública ou particular?

....

....

2 Na sua opinião, é importante que todas as pessoas aprendam a ler e a escrever? Por quê?

....

....

....

3 Observe a fotografia ao lado e responda às questões.

a) Esta escola está preparada para receber alunos com deficiência física? Justifique sua resposta.

● Escola com acesso para cadeirantes em Jaquirana, no estado do Rio Grande do Sul, em 2015.

....

....

....

b) Se uma escola não está adaptada para receber esses alunos, podemos dizer que os direitos deles estão sendo respeitados?

....

....

4 Na escola pública ou na particular, o espaço é dividido entre todas as pessoas que fazem parte da comunidade escolar: professores, alunos e funcionários. Leia as frases a seguir e classifique-as de acordo com a legenda abaixo.

A - Direito dos alunos

B - Dever dos alunos

C - Dever de todos

☐ Colaborar com a limpeza e a conservação dos espaços da escola.

☐ Respeitar a vez de falar dos colegas.

☐ Jogar o lixo no local adequado.

☐ Manter móveis e outros objetos da escola em bom estado.

☐ Prestar atenção na aula e fazer as atividades.

☐ Fazer perguntas e receber respostas para suas dúvidas.

5 Agora é sua vez: Crie um direito e um dever que você gostaria que todas as pessoas que fazem parte da comunidade escolar respeitassem.

....
....
....
....
....
....
....

O TEMA É...

Direito à saúde

Todas as crianças têm direito à saúde. Para ter uma vida saudável, elas devem receber uma boa alimentação, ser cuidadas com relação à sua higiene pessoal e ter moradia adequada. São direitos também as visitas regulares ao médico, para acompanhar seu desenvolvimento físico, e a vacinação. Além disso, é essencial que cresçam em um ambiente seguro e livre de perigos.

● Criança recebendo cuidados médicos.

- Qual é a importância de cuidarmos de nossa saúde?

- Você concorda que as crianças precisam de cuidados especiais? Por quê?

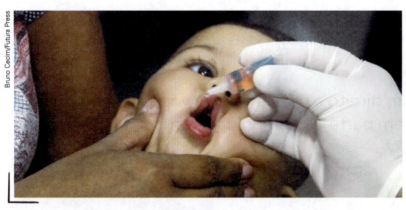

● A vacinação da primeira infância é obrigatória por lei e está prevista no Estatuto da Criança e do Adolescente. Em geral, as vacinas são oferecidas nos postos públicos de saúde. Campanha de vacinação contra Sarampo e Poliomelite em Paraupebas, no estado do Pará, em 2018.

- Você já tomou alguma vacina? Qual? Onde foi?

- Toda criança deve ser protegida e crescer em um ambiente seguro. Compartilhe com os colegas exemplos de situações em que os cuidados de segurança evitaram acidentes e riscos à sua saúde.

Nossa saúde também depende de cuidados de segurança.

Receber uma alimentação saudável e equilibrada também é um direito de todas as crianças.

Alimentação da criança

Por que é importante você se alimentar? Porque são os alimentos que fornecem energia para a nossa vida.

● Comer frutas faz bem à saúde.

Vamos pensar como os carros... Para o carro funcionar e sair do lugar, o dono precisa ir a um posto e colocar um combustível, por exemplo, a gasolina. Para nós, o combustível são todos os alimentos e seus nutrientes. São eles que dão energia para: respirar, crescer, acordar, brincar, estudar, ler, ou seja, para Viver!!! E o mais importante, viver com saúde.

Para você conseguir isso, é importante ter uma alimentação equilibrada. Mas o que é uma alimentação equilibrada? É a alimentação que tem todos os tipos de alimentos, nas quantidades certas, com todos os nutrientes necessários para uma boa saúde.

Alimentação da criança. **Fiocruz**. Disponível em: <www5.ensp.fiocruz.br/biblioteca/dados/txt_429201513.pdf>. Acesso em: 5 fev. 2019.

- Você consome alimentos como verduras, frutas e legumes? Você considera importante comer esses alimentos? Por quê?

- Você conhece formas divertidas e gostosas de consumir alimentos saudáveis? Compartilhe com seus colegas.

- Por que escovamos os dentes? E o fio dental, qual é a função dele?

- Que cuidados você tem com seus dentes?

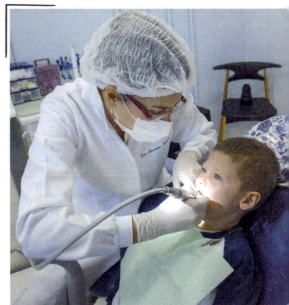

● Ir ao dentista para checar a saúde bucal é um dos cuidados básicos de saúde.

Os cuidados com a saúde dependem também de nossa participação. A saúde dos nossos dentes, por exemplo, está ligada à alimentação e a uma boa escovação.

3 EU E OS MEUS GRUPOS

Já pensou se você fizesse esta pergunta a várias pessoas com as quais convive?

Convivemos com muitas pessoas e fazemos parte de diversos grupos sociais. Em cada um deles exercemos um papel. No seu cotidiano, você é filho, amigo, vizinho, aluno...

Tanto nas relações próximas como naquelas que estabelecemos com pessoas que não conhecemos, é preciso sempre respeitar os direitos de todos.

Assim, ao viver em comunidade, garantindo os seus direitos e os dos outros, você está se preparando para ser um cidadão.

Atividades

1 Observe a cena abaixo e responda às questões.

O QUE VAI ACONTECER COM O LOBO?

a) Que lugar é esse? O que está acontecendo nesse lugar?

....
....

b) Há regras para frequentar esse lugar? Quais?

....
....
....

c) O garoto que fala alto está respeitando os direitos dos demais? Justifique sua resposta.

....
....
....

2 Pense em todos os grupos dos quais você faz parte. Pode ser o grupo da escola, da família, do futebol, dos amigos, entre outros. Depois, escolha um deles e responda às perguntas abaixo no caderno.

a) Nesse grupo, há alguém que estabelece as regras ou elas são decididas entre todos?

b) Quando há algum conflito, como vocês resolvem a situação?

33

VOCÊ EM AÇÃO

Jogando *tsoro yematatu*

Você viu que brincar é um dos direitos das crianças. Que tal usufruir desse direito construindo um jogo para brincar com seus colegas?

O *tsoro yematatu* é um jogo popular entre as crianças e tem origem no Zimbábue, na África. O nome do jogo pode ser traduzido por "jogo de pedras que se joga com três".

Para jogar, você vai precisar de um tabuleiro, seis peças e dois jogadores. Vence quem conseguir alinhar as suas três peças no tabuleiro.

● Jogo *tsoro yematatu*.

Material necessário

- Cartolina
- Tesoura de pontas arredondadas
- Régua
- Lápis
- Canetinha preta
- 6 tampas de garrafa PET em duas cores diferentes (3 tampas de cada cor)

Como fazer

1 Corte um quadrado de cartolina de cerca de 20 cm de lado.

2 Com a régua, desenhe um triângulo e, depois, divida-o ao meio com uma linha no sentido horizontal e outra no vertical. Marque os pontos de encontro entre as linhas. Veja o modelo na figura ao lado.

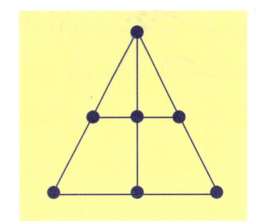

Como jogar

1 Cada jogador fica com um jogo de tampas da mesma cor.

2 Decidam quem será o primeiro a jogar.

3 Os jogadores, alternadamente, devem colocar uma de suas peças em um dos pontos marcados no tabuleiro. Atenção: cuidado para não deixar o outro jogador alinhar suas três peças no tabuleiro.

4 Depois que vocês colocarem todas as peças no tabuleiro, sobrará um ponto vazio. Cada jogador, na sua vez, deve mover suas peças para tentar alinhá-las.

5 Ao jogar, vocês podem saltar sobre uma peça (sua ou do adversário).

6 O jogo acaba quando algum jogador conseguir alinhar as três peças.

Agora, com o tabuleiro pronto e as regras lidas, é só chamar um amigo para jogar com você. Divirtam-se!

UNIDADE 2
A HISTÓRIA DAS FAMÍLIAS

Entre nesta roda
- Sua família se parece com essa da ilustração? Quais são as semelhanças? E as diferenças?
- Você e os seus familiares se encontram sempre? Como são esses encontros?
- O que você sabe sobre seus familiares mais velhos e a história da sua família?

Nesta Unidade vamos estudar...
- Relações familiares e de parentesco
- Organização e rotina familiar
- Composição e história das famílias brasileiras

4 OS MEMBROS DA FAMÍLIA

Quando nascemos, nos tornamos parte de uma família e da história dessa família.

Observe as fotografias a seguir, que retratam algumas famílias.

Os membros que compõem uma família podem variar em cada caso, porque cada família tem uma organização diferente.

- Você conhece a história da sua família?
- Como você fez para conhecer a história da sua família? Converse com os colegas.

A minha família

Como você viu, nem todas as famílias são iguais.

Leia o texto abaixo, em que um garoto conta um pouco sobre a sua família.

Manobras radicais

Um dia, uns amigos me convidaram pra ir com eles a uma pista de verdade. Minha mãe teve medo, mas deixou. Ela me fez prometer que ia tomar muito cuidado.

Na volta pra casa, meu pai estava me esperando na porta do prédio. Ele se chama Marco. Ele e minha mãe se separaram quando eu ainda era bem pequeno. De quinze em quinze dias, ele vem me buscar pra passar o fim de semana com ele.

Logo que me viu, meu pai perguntou:

– Onde você estava até essa hora, menino?

– Fui encontrar os manos do *skate*, mas na volta o busão ficou entalado no trânsito. – Meu pai fez cara de reprovação pro meu jeito de falar na gíria paulistana e reaproveitou para questionar minhas roupas:

– Por que você está vestindo essas roupas enormes? Não tinha o seu número na loja?

– Esse é o estilo dos *skatistas*, pai!

Meu pai me abraçou forte e fomos embora pra casa dele.

O skatista e a ribeirinha: encontro da cidade com a Floresta Amazônica, de Ricardo Dreguer. São Paulo: Moderna, 2009. p. 10.

- Como é a família desse menino? Converse com os colegas.

- Agora, em uma folha de papel, faça um desenho retratando todas as pessoas que você considera parte da sua família. Não se esqueça de incluir você também! Compartilhe seu desenho com os colegas.

Atividades

1 Vamos fazer uma ficha com os dados das pessoas que moram com você?

a) Na primeira coluna, escreva o nome de todas as pessoas que moram com você.

b) Na segunda coluna, anote o parentesco de cada um (se é seu pai, mãe, irmão, tia, primo, avô, etc.).

c) Por fim, nas últimas colunas, escreva a idade e o sexo de cada um.

d) Usando uma cor diferente, anote, nas últimas linhas, as informações sobre pessoas que já moraram com você e hoje não moram mais.

Nome	Parentesco	Idade	Sexo

2 Observe novamente as fotos das famílias da página 38 para responder às questões abaixo.

a) A sua família se parece com alguma delas? Em quê?

....

....

b) Quais são as diferenças entre a sua família e aquela que você escolheu no item **a**?

....

....

....

c) Na sua opinião, o que torna as pessoas membros de uma família?

....

....

....

3 Quando você for adulto, como você imagina que será a sua família? Faça um desenho no espaço abaixo.

5 VIDA EM FAMÍLIA

Ao longo da vida, nos tornamos parte de diversos grupos sociais, como a família, a escola, a vizinhança do bairro, o grupo religioso, etc.

A família é o primeiro grupo social com o qual convivemos.

Veja como cada uma das crianças retratadas nas ilustrações abaixo participa da vida de sua família.

Cada família tem seus hábitos e seu modo de se relacionar.

Os pais ou os responsáveis pelas crianças buscam transmitir a elas valores e comportamentos nos quais acreditam, modelos de como a vida e os relacionamentos devem ser.

Leia o diálogo abaixo.

Todos nós precisamos viver em grupo e nos relacionar bem com as outras pessoas.

A família nos ensina, por exemplo, a agir da forma correta e a conviver com outras pessoas, buscando o bem-estar de todos.

A união, a harmonia e o respeito que aprendemos no círculo familiar devem existir também nas outras relações sociais.

Saiba mais

Famílias adotivas

No Brasil, atualmente, cerca de 46 mil crianças e adolescentes vivem em abrigos, entidades que acolhem meninos e meninas que estão separados de seus pais biológicos e de suas famílias. Mas isso não significa que esses jovens e crianças não possuam família.

Todas as pessoas têm uma família, mas nem todas vivem com suas famílias de origem.

Há famílias que adotam crianças e adolescentes e eles passam a formar uma nova família.

Há ainda pessoas que consideram sua família aqueles com quem convivem ou têm afeto.

Segundo o dicionário, "família" é um conjunto de pessoas, unidas por laços **consanguíneos** ou não, que vivem sob o mesmo teto.

consanguíneos: que são do mesmo sangue, da mesma origem.

- E para você, quem são as pessoas que fazem parte da sua família?

6 ORGANIZAÇÃO E ROTINA FAMILIAR

Leia o depoimento da menina Laura sobre a rotina da família dela.

NA MINHA CASA, SOMOS QUATRO PESSOAS: MINHA MÃE, MEU PAI, MEU AVÔ E EU.

MEUS PAIS TRABALHAM O DIA TODO FORA DE CASA, E EU FICO COM O MEU AVÔ, QUE É QUEM FAZ O ALMOÇO.

DE TARDE EU VOU À ESCOLA, MAS ANTES EU AJUDO MEU AVÔ EM CASA. SECO E GUARDO A LOUÇA E TROCO A ÁGUA DO NOSSO CACHORRO.

Atividades

1 Você costuma ajudar sua família na rotina e na organização da sua casa? Em quê?

....

....

2 Observe as fotografias abaixo e crie um pequeno texto para cada uma delas.

3 Veja as imagens e leia os textos abaixo. Qual seria a sua atitude em cada situação? Escreva nas linhas indicadas.

O que você faria se...

... visse seu primo mexendo em suas coisas pessoais?

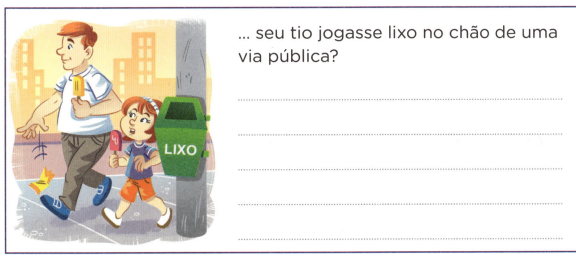

... seu tio jogasse lixo no chão de uma via pública?

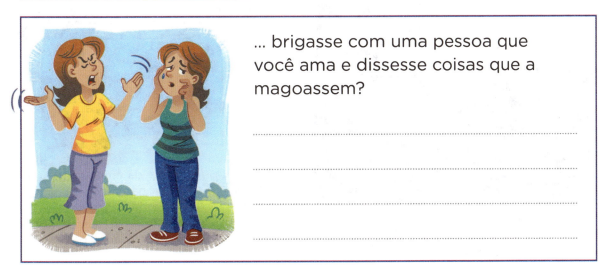

... brigasse com uma pessoa que você ama e dissesse coisas que a magoassem?

A divisão de tarefas entre os indígenas

Como os indígenas organizam a rotina das aldeias?

É bastante comum, entre os povos indígenas, uma divisão das tarefas entre homem e mulher. Isto significa que existem atividades que são feitas somente pelas mulheres e outras, somente pelos homens.

Mesmo que esta divisão não seja igual em todos os povos, as tarefas relacionadas ao preparo dos alimentos, ao cuidado com as crianças e algumas atividades na roça são, geralmente, de responsabilidade das mulheres. Já os homens são responsáveis pela derrubada do mato para a criação da roça, pelas atividades de caça, de guerra, entre outras.

[...]

Juntos, homens e mulheres, são responsáveis pela produção dos alimentos, das redes, dos bancos, das casas, das canoas, das ferramentas utilizadas no dia a dia, como vasos de cerâmica, cestos, flechas, arcos etc.

Quem faz o quê? **Povos Indígenas do Brasil Mirim**.
Disponível em: <https://mirim.org/como-vivem/quem-faz-o-que>. Acesso em: 27 fev. 2019.

- Você já tinha ouvido falar sobre a divisão de tarefas entre os povos indígenas? O que sabia sobre isso?

- A divisão de tarefas entre homens e mulheres, como é relatada no texto, é semelhante ao que você percebe em seu cotidiano? Por quê?

● Mulheres indígenas da etnia Ikepang colhendo mandioca, na aldeia Araiô, no município de Feliz Natal, no estado do Mato Grosso, em 2016.

● Homens indígenas da etnia Waujá se preparam para a pescaria na grande lagoa Pyulaga, em Gaúcha do Norte, no estado do Mato Grosso, em 2016. Os peixes que eles pescam alimentam toda a aldeia e os convidados para o ritual do Kwarup.

As aldeias indígenas são formadas por várias famílias e todos ajudam uns aos outros, buscando sempre o bem-estar coletivo. Leia o texto a seguir, sobre a divisão de tarefas entre os Araweté, povo indígena que vive no estado do Pará.

As mulheres passam muitas horas do dia na produção dos fios de algodão para as redes e as roupas que usam, como os panos de cabeça, a tipoia, a cinta interna e a saia externa que vestem desde pequenas. São elas que fazem a tinta de urucum, utilizada para tingir de vermelho seus panos e para pintar o rosto.

Além disso, é tarefa feminina e das crianças araweté colher as espigas de milho e fazer a farinha. A pesca, quando não é feita com o **timbó**, mas sim com linha ou arco e flecha, é uma atividade realizada normalmente pelas mulheres e pelos meninos e meninas.

Assim, de brincadeira ou não, todas as pessoas, sejam elas crianças, adultos ou jovens, fazem trabalhos que se complementam e participam da produção de tudo o que é necessário e importante para a vida na comunidade.

timbó: é um cipó que possui uma substância venenosa para os peixes. Os indígenas trituram o timbó e sacodem com força embaixo da água, liberando uma substância branco-azulada. Os peixes morrem na hora, ou ficam atordoados e são capturados com facilidade. Esse tipo de pescaria é conhecido como "bater timbó".

Quem faz o quê? **Povos Indígenas do Brasil Mirim**. Disponível em: <https://mirim.org/como-vivem/quem-faz-o-que?page=5>. Acesso em: 27 fev. 2019.

● Indígena do povo Araweté pintado com urucum para os Jogos Indígenas de Altamira, no estado do Pará, em 2005.

- Qual é a sua opinião sobre o modo de vida indígena, em que todos na aldeia vivem de modo coletivo, dividindo as tarefas e os frutos do seu trabalho?

- Imagine como seria se a rua, ou o bairro, ou a cidade onde você mora fosse uma grande aldeia. As pessoas viveriam melhor ou pior? Por quê?

7 TEMPO E MEMÓRIA

EXPLORE A PÁGINA + E DIVIRTA-SE!

As pessoas costumam guardar objetos que trazem recordações de épocas e de acontecimentos que marcam sua vida e sua história. Podem ser cartas, vídeos, fotografias e outros itens, como roupas, louças, mobílias, diários, etc. Esses objetos contam um pouco sobre a história das pessoas e das famílias e guardam a memória de eventos passados. Eles também permitem comparar épocas diferentes e perceber as mudanças que ocorreram ao longo do tempo.

Observe a família retratada na fotografia abaixo.

● Família da cidade de Tupã, no estado de São Paulo, por volta de 1920.

Essa foto foi tirada há cerca de 100 anos. Antigamente, era muito comum que as famílias tivessem uma grande quantidade de filhos e que vários parentes morassem juntos. Nessa época, quase todas as mulheres ficavam em casa, cuidando dos filhos e das tarefas domésticas.

- E hoje, as famílias ainda são numerosas?
- Você conhece alguma família com muitos filhos? Quantos?

As memórias de uma família também estão ligadas ao lugar onde ela vive. Muitas vezes, as pessoas se mudam do lugar onde nasceram e constroem a vida em outro lugar.

Leia o texto abaixo, em que a escritora Tatiana Belinky conta sobre sua mudança com a família da Letônia para o Brasil.

A minha última lembrança da nossa partida de Riga, na Letônia, onde vivi dos dois até os dez anos, […] para o misterioso e longínquo Brasil, é a cena da estação ferroviária **coalhada** de gente que viera se despedir de nós quatro: minha mãe e seus três filhotes – eu, a mais velha, e meus dois irmãos menores. (Papai já estava lá, à nossa espera, pois viajara alguns meses antes, para "preparar o terreno".)

Na plataforma se acotovelavam os avôs e avós, tios e tias, primos e primas, adultos e crianças, e muitos amigos – um **bota-fora** agitado, mas não alegre. Lembro-me em especial do meu primo Márik, um ano mais velho do que eu, que me abraçou, chorando e dizendo: "Tánia, não se case lá, quando eu crescer eu vou te buscar…". Mal sabíamos que aquela era a última vez que nos víamos […]

bota-fora: despedida.
coalhada: cheia.

17 é tov!, de Tatiana Belinky. São Paulo: Companhia das Letrinhas, 2009. p. 7 e 8.

- De onde vieram as pessoas da sua família? Seus pais e avós nasceram na mesma cidade que você? Converse sobre isso com seus colegas.

Atividades

1 Veja as recordações da família que Isa levou para a escola.

ESTE RELÓGIO ERA DO MEU BISAVÔ E A BONECA DE PANO FOI MINHA AVÓ QUEM FEZ.

a) Pergunte aos seus familiares se eles guardam algum objeto que tem valor sentimental para a família.

b) Desenhe-o em uma folha à parte e mostre aos colegas, explicando a história desse objeto.

2 Tente se lembrar de algum fato importante que aconteceu com você e sua família. Registre sua recordação nas linhas abaixo.

3 Entreviste uma pessoa idosa e preencha as respostas abaixo. De preferência, escolha alguém que não seja da sua família.

a) Qual é o seu nome? E qual é a sua idade?

....

....

....

b) Quantas pessoas moravam na sua casa quando você era criança?

....

....

....

c) Você se lembra de alguma coisa que tenha aprendido com um familiar e que tenha ensinado a outras pessoas da sua família? O quê?

....

....

....

....

d) Quem eram essas pessoas (pais, irmãos, tios, avós, etc.)?

....

....

....

e) O que mais mudou nas famílias de seu tempo de criança até hoje?

....

....

....

8 AS RELAÇÕES FAMILIARES

As famílias não são formadas apenas de pais e filhos. Existem diversas relações familiares, como os avós, os tios e os primos, por exemplo. Os membros da nossa família são os **parentes**.

Uma geração é o conjunto de descendentes que ocupa certa posição na linhagem familiar. Você, seus irmãos e seus primos, por exemplo, pertencem à mesma geração. Já seus pais e seus tios fazem parte da geração anterior.

Antes da geração dos seus pais e tios, veio a geração dos seus avós e tios-avós. Depois da geração dos seus pais e tios, veio a sua geração, dos seus irmãos e primos.

Observe abaixo um exemplo de como podem ser contadas as gerações de uma família.

Começando pelos bisavós:

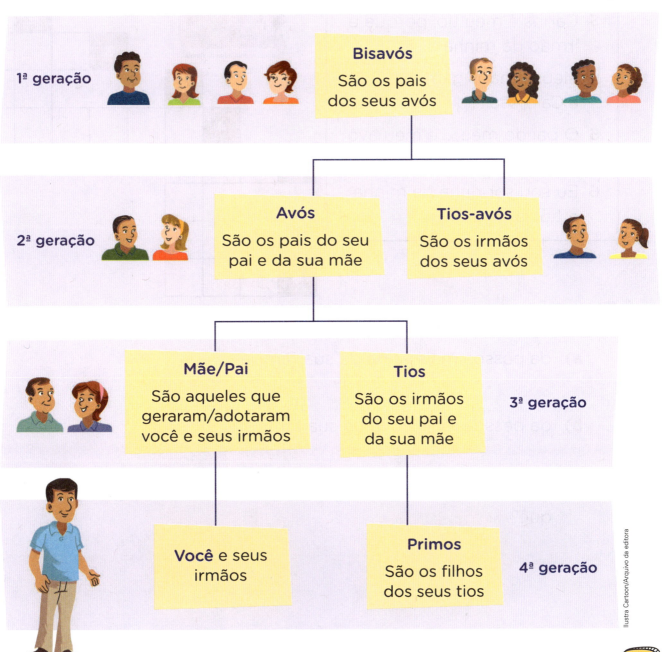

1 Preencha a cruzadinha.

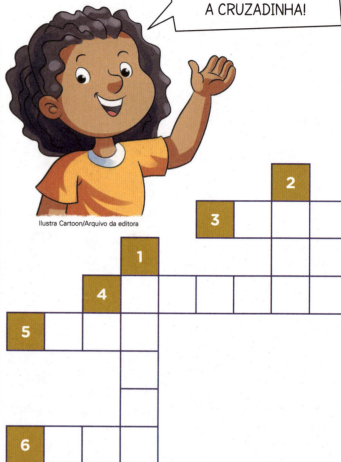

1. Eu sou ... da minha mãe, Luísa.
2. Eu sou neta do meu ... Antônio.
3. Carlos é meu tio, porque é irmão da minha ...
4. Meus irmãos gêmeos, Téo e Caio, são ... da minha mãe.
5. O pai do meu ... é meu avô José.
6. Eu sou sobrinha da minha ... Lúcia.

2 Escreva o nome:

a) da pessoa mais velha da sua família.

....

b) da pessoa mais nova da sua família.

....

c) Agora, responda: Essas pessoas são da mesma geração? Por quê?

....

....

....

Árvore genealógica

É muito comum organizarmos as gerações de uma família com o auxílio de uma representação que pode ser feita em um formato que lembra os galhos de uma árvore. Essa representação, chamada de árvore genealógica, traz os nomes das pessoas que fazem parte das diversas gerações de uma família e nos ajuda a compreender o parentesco entre elas.

Observe abaixo a árvore genealógica que Alice construiu para contar a história das gerações de sua família.

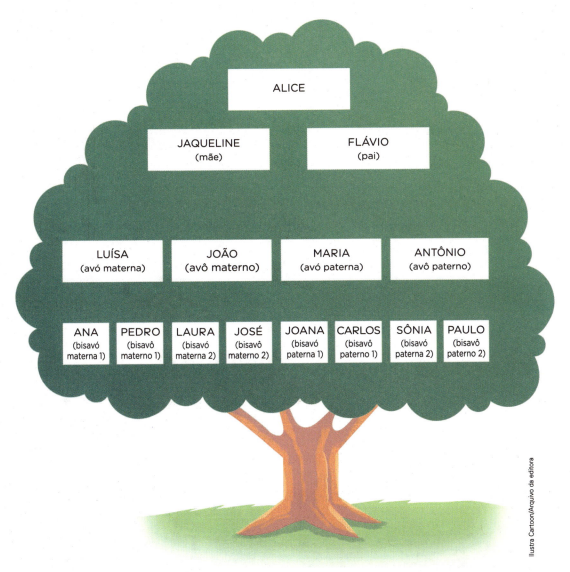

Para descobrir quem foram as pessoas que deram origem a sua família, além de perguntar aos seus pais e avós, Alice pesquisou alguns registros de sua família, como certidões de casamento, documentos de identificação, cartas e fotos antigas, etc.

Famílias brasileiras

As famílias brasileiras são formadas pelos diferentes povos que participaram da construção da história do país.

Observe as fotografias a seguir. Elas mostram pessoas de diversas origens, que chegaram ao Brasil em épocas diferentes.

● Família de descendentes de africanos, por volta de 1900.

● Foto do passaporte de família italiana que veio ao Brasil em 1923.

● Família de imigrantes japoneses no município de Registro, no estado de São Paulo, na década de 1930.

Hoje em dia, pessoas de diferentes lugares do mundo continuam a chegar ao Brasil, muitas vezes em busca de melhores condições de vida. Cada uma dessas famílias traz consigo hábitos, costumes e histórias dos seus lugares de origem. Da mesma forma, vivendo no Brasil, passam a incorporar hábitos e costumes brasileiros.

● Imigrantes em manifestação por direitos e contra o preconceito na 11ª Marcha dos Imigrantes, na cidade de São Paulo, no estado de São Paulo, em 2017.

● Festa da comunidade boliviana na cidade de São Paulo, no estado de São Paulo, em 2016.

Saiba mais

Crianças imigrantes

Atualmente com sete anos, [o venezuelano] Sebastian Gutierrez chegou ao Brasil ainda antes de completar seis, em abril de 2017, junto com o pai, mãe e a irmã de três anos, à época com dois. [...]

Segundo a mãe, Denys, a adaptação mais difícil foi justamente a de Sebastian. [...]

"Foi bem complicado, porque ele não entendia nada e não conseguia se fazer entender. E ficava uma confusão porque ele chegava em casa e falava para a gente as palavras que tinha ouvido na escola e a gente também não entendia. Ninguém entendia ninguém, foi difícil. Isso durou três meses, só depois desse tempo ele conseguiu entender os professores e coleguinhas e começou a falar português", afirmou a mãe.

Crianças estrangeiras superam ruptura da mudança de país e se descobrem com vida no Brasil, de Marcello Carvalho. G1. Disponível em: <https://g1.globo.com/sp/campinas-regiao/noticia/2018/10/13/criancas-estrangeiras-superam-ruptura-da-mudanca-de-pais-e-se-descobrem-com-vida-no-brasil.ghtml>. Acesso em: 27 fev. 2019.

Atividades

1 Faça uma pesquisa sobre a história de sua família. Entreviste seus pais ou as pessoas que cuidam de você e responda às perguntas abaixo.

a) Onde e quando seus pais nasceram?

....

....

b) Como seus pais se conheceram?

....

....

c) Eles sempre moraram na cidade em que vivem atualmente?

....

....

d) Onde e quando nasceram os pais deles?

....

....

....

2 Com base nas respostas da atividade anterior, escreva um breve relato da história da sua família.

....

....

....

....

....

3 Agora que você já sabe o que é uma árvore genealógica, peça ajuda a algum familiar para construir a árvore genealógica da sua família.

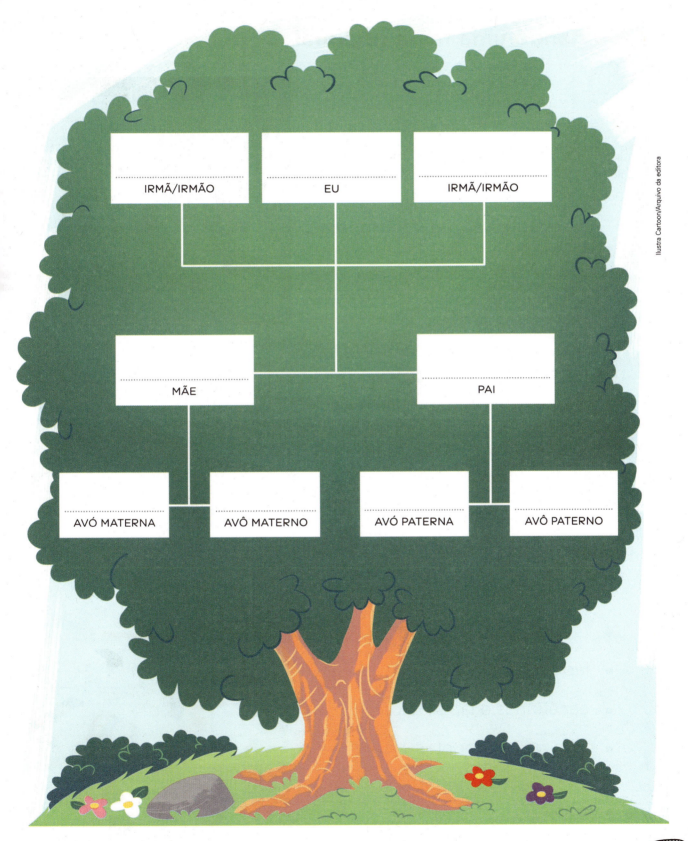

VOCÊ EM AÇÃO

Divulgando uma festa regional

Os diversos povos que vieram para o Brasil trouxeram com eles suas tradições e costumes – religião, culinária, artes, artesanato, modos de vida, etc. – e, assim, contribuíram para a formação da rica cultura do nosso país.

Entre esses costumes, estão as festas populares. Em muitas cidades brasileiras, essas comemorações são verdadeiras manifestações da diversidade cultural que caracteriza o país.

Que tal conhecer um pouco mais sobre a cultura do lugar onde você vive?

Para isso, você vai fazer uma pesquisa e elaborar um folheto turístico que divulgue as informações coletadas sobre alguma festa popular da sua região ou do seu município.

● As festas juninas são muito populares em todo o Brasil. Têm origem na celebração de santos católicos e foram trazidas para o país pelos portugueses. A partir do contato com os indígenas, foram introduzidos pratos feitos com alimentos típicos desses povos. As comemorações também costumam refletir o estilo de vida rural e têm características próprias em cada canto do país. Na foto, festa de São João na cidade de Bueno Brandão, no estado de Minas Gerais, em 2018.

Material necessário

- uma folha de papel sulfite
- régua
- lápis e borracha
- canetinhas e lápis de cor
- tesoura com pontas arredondadas
- cola

Como fazer

1 Com o auxílio de seu professor, elabore uma lista das festas populares que ocorrem no seu bairro, na sua região ou no seu município. Em seguida, escolha qual delas deseja pesquisar.

2 Faça uma pesquisa sobre a festa: quando começou a ser realizada, quais as influências culturais que marcam sua origem, em qual época do ano é realizada, qual é o tipo de alimento servido, o significado e as curiosidades sobre a festa, etc. Registre todas as informações obtidas. Também procure imagens que você possa imprimir ou copiar.

3 Com o auxílio de régua, divida a folha de papel sulfite em três partes iguais e dobre-as, como mostra a figura.

4 Selecione as informações que você achou mais interessantes durante a pesquisa e, com a ajuda do professor, escreva-as nas três partes de dentro do folheto. Faça ilustrações ou cole imagens para deixar seu folheto colorido e bem atrativo. Não se esqueça de informar a data da festa e o lugar onde ela ocorre.

5 Para finalizar, dobre as laterais, fechando o folheto, para ilustrar a capa. Escreva o nome da festa que você escolheu, faça desenhos, cole imagens e decore de forma criativa.

Ilustrações: Ilustra Cartoon/Arquivo da editora

Com a ajuda do professor, façam cópias dos folhetos produzidos e os distribuam entre os colegas e familiares.

Entre nesta roda

- No lugar onde você mora há espaços como esses da imagem?
- Como é o lugar onde você mora? Ele se parece com esse da imagem?
- Há alguma coisa na imagem que não existe no lugar onde você mora?

Nesta Unidade vamos estudar...

- A rua, o bairro e o município como espaços de convivência
- Serviços essenciais e acessibilidade
- A história do bairro
- As transformações na paisagem do bairro

9 A VIZINHANÇA

Em nosso dia a dia, convivemos com as pessoas que moram perto da nossa casa. São os nossos vizinhos.

A vizinhança forma uma comunidade. **Comunidade** é o grupo social formado por pessoas que têm alguns interesses em comum – por exemplo, zelar pela limpeza e pela segurança de uma rua, de um bairro ou de um condomínio.

A rua não é apenas o lugar onde você mora ou por onde você passa todos os dias para ir de um lugar a outro. Ela é um espaço onde se convive com vizinhos e também com todos que circulam por ela, ou seja, a rua é um espaço de todos.

- Você conhece seus vizinhos? Costuma brincar com outras crianças que moram na mesma rua que você? Conte aos colegas do que vocês brincam.

Espaços de convivência

Na sua vizinhança, você convive não só com outros moradores da rua ou do bairro, mas também com os profissionais que trabalham ali, como carteiros, feirantes, vendedores, entre outros.

Essa convivência acontece diariamente em ruas, praças, parques, lojas, feiras, entre outros lugares.

● Praça no centro do município de Mauá, no estado de São Paulo, em 2017.

● Lojas no centro do município de Três Pontas, no estado de Minas Gerais, em 2018.

Atividades

1 Leia o poema abaixo e responda às questões.

Se essa rua fosse minha,
Não mandava ladrilhar.
Não deixava botar pedras,
Não deixava asfaltar.
Deixaria o chão de terra,
Ou talvez plantasse grama.
Encheria as calçadas de flores,
Um vasinho em cada poste.
[...]

Se essa rua fosse minha,
Eu não moraria sozinho.
Eu chamaria muita gente,
Pra morar aqui pertinho.
Chamaria um monte de amigos,
Alguns parentes, e até o meu irmão.
São todas pessoas queridas,
Que eu gosto muito
E amo do fundo do meu coração.

Se essa rua fosse minha, de Eduardo Amos. 2. ed. São Paulo: Moderna, 2002.

- Se a rua onde você mora fosse sua, o que você faria? Escreva em uma folha avulsa. Depois, faça um desenho para representar como você gostaria que fosse a sua rua.

2 Qual é o nome da sua rua?

....

3 Pense nas pessoas com quem você convive diariamente no lugar onde mora. Quem são essas pessoas?

....

4 Você já pensou no nome da rua em que mora? Por que ela tem esse nome?

....

....

- Pesquise a origem do nome da rua em que você mora e anote abaixo as informações. Depois, relate suas descobertas aos colegas.

  ....

  ....

  ....

5 Qual é o nome do bairro onde você mora?

....

6 Faça uma breve pesquisa para descobrir por que o bairro onde você mora recebeu esse nome. Registre suas descobertas e depois compartilhe-as com os colegas.

....

....

....

....

Os bairros

Os municípios estão divididos em diferentes bairros. Chamamos de bairro um conjunto de ruas ou cada uma das partes que constituem um município.

Alguns bairros têm mais moradias, outros possuem mais estabelecimentos comerciais ou indústrias. Outros ainda estão localizados no campo ou no **litoral**, longe do centro da cidade.

Litoral: região que fica à beira do mar; praia.

Observe as fotos a seguir. Elas mostram bairros de alguns municípios brasileiros.

● Bairro da Liberdade, em São Paulo, no estado de São Paulo, em 2015.

● Bairro de Ponta Verde, em Maceió, no estado de Alagoas, em 2017.

● Conjunto habitacional em Campo Verde, no estado de Mato Grosso, em 2018.

● Bairro histórico de Ouro Preto, no estado de Minas Gerais, em 2019.

- O bairro onde você mora se parece com algum dos bairros retratados nas imagens acima?

A convivência nos bairros

A rua é um espaço onde convivemos com várias pessoas. Mas existem outros espaços de convivência nos bairros.

Assim como as ruas, alguns desses espaços são públicos, isto é, pertencem a toda a população.

● Posto de saúde no município de Ponta Porã, no estado de Mato Grosso do Sul, em 2018.

● Parque no município de Sinop, no estado de Mato Grosso, em 2018.

Os espaços públicos são administrados e mantidos pelo governo do país, do estado ou do município por meio dos **impostos** pagos pelos seus moradores.

Impostos: valores cobrados da população pelos órgãos públicos em razão dos serviços prestados por eles.

Saiba mais +

Espaços privados e abertos ao público

Apesar de serem abertos à circulação de pessoas em geral, estabelecimentos como *shopping centers* e lojas não são espaços públicos. Eles são espaços privados, pois pertencem a pessoas ou empresas responsáveis por sua manutenção. Ainda assim, esses espaços devem garantir a segurança e a acessibilidade de todos os cidadãos.

● *Shopping center* no município de Mauá, no estado de São Paulo, em 2017.

O seu, o meu e o nosso

A responsabilidade pela administração dos bairros e pela manutenção dos espaços públicos é da prefeitura do município. Mas a conservação desses espaços também é responsabilidade de todos os moradores do bairro. Devemos cuidar desses espaços, utilizando-os de forma adequada e mantendo-os sempre limpos.

Há várias atitudes que favorecem o cuidado e a conservação dos espaços públicos dos bairros, como descartar o lixo nos locais adequados, respeitar as regras de conservação de áreas verdes, entre outras.

● Regras do Parque Nacional dos Campos Gerais, no município de Ponta Grossa, no estado do Paraná, em 2017.

● Biblioteca pública no município de Rio Branco, no estado do Acre, em 2015.

É também responsabilidade dos órgãos públicos garantir que todas as pessoas possam frequentar os espaços públicos, ou seja, que todos os locais sejam acessíveis a todas as pessoas, inclusive aquelas com algum tipo de limitação ou deficiência.

Saiba mais

Acessibilidade

Você já ouviu falar em acessibilidade? Sabe o que significa?

Promover a acessibilidade é garantir o acesso das pessoas com qualquer tipo de deficiência aos espaços, edifícios, móveis, transportes e equipamentos, inclusive de comunicação.

 **Atividade**

- Responda às perguntas abaixo e, depois, compartilhe suas respostas com os colegas.

    a) Quais espaços públicos você costuma frequentar?

    ....
    ....
    ....
    ....

    b) Que atividades você realiza nesses espaços?

    ....
    ....
    ....
    ....

    c) Os espaços públicos que você frequenta são acessíveis a todos? Estão bem conservados?

    ....
    ....
    ....

    d) Quais medidas você acha que poderiam ser adotadas para melhorar a acessibilidade e a conservação desses locais?

    ....
    ....
    ....
    ....
    ....

10 O MUNICÍPIO

O Brasil possui um grande território. Para administrar esse território, o país foi dividido em estados, e os estados foram divididos em municípios.

Observe abaixo imagens de alguns municípios brasileiros.

● Altamira, no estado do Pará, é o município brasileiro que possui o maior território. Foto de 2017.

● São Paulo, no estado de São Paulo, é o município mais populoso do Brasil, com mais de 11 milhões de habitantes. Foto de 2018.

Todo município é formado por uma área urbana, que é chamada de **cidade**, e uma área rural, o **campo**.

● Áreas urbana e rural do município de Guaíra, no estado de São Paulo. Foto de 2018.

Serviços essenciais

Para funcionar bem e oferecer uma boa condição de vida aos seus moradores, os bairros dos municípios precisam ter alguns serviços essenciais, como rede de esgotos, água tratada, coleta de lixo, iluminação de ruas, hospitais e postos de saúde, entre outros.

Eles são chamados **serviços públicos** e são um direito de todos os cidadãos. É responsabilidade das prefeituras e de outros órgãos públicos garantir esses serviços a toda a população.

● Coleta de lixo no município de Valinhos, no estado de São Paulo, em 2015.

● Manutenção da rede elétrica no município de Belém, no estado do Pará, em 2018.

Em alguns casos, o direito a esses serviços não é respeitado. Quando isso acontece é preciso reclamar junto aos órgãos da prefeitura responsáveis por mantê-los.

● Lixo acumulado em rua do município de Florianópolis, no estado de Santa Catarina, em 2017.

Saiba mais

As capitais do Brasil

Você sabe qual é a capital do Brasil? Acertou se você respondeu Brasília.

Brasília se tornou a capital do país em 1960. Ela está localizada na região central do território brasileiro.

Antes dela, o Brasil teve duas capitais: a cidade de Salvador, na Bahia, de 1549 a 1763, e a cidade do Rio de Janeiro, no estado do Rio de Janeiro, de 1763 até a inauguração de Brasília, no Distrito Federal.

Na capital do país fica a sede do Governo Federal.

● Congresso Nacional em Brasília, no Distrito Federal, em 2016.

● Palácio do Catete, no município do Rio de Janeiro, no estado do Rio de Janeiro, cerca de 1910.

● Monumento a Thomé de Souza no município de Salvador, no estado da Bahia, em 2016. A data do desembarque de Thomé de Souza em Salvador (29 de março de 1549) é considerada a data da fundação da cidade e representa, ao mesmo tempo, a data da fundação do Brasil como unidade política.

Atividades

1 Você percebe a falta de algum serviço público no lugar onde mora? Qual?

....

....

2 Na sua opinião, que tipos de problema as pessoas enfrentam quando faltam os serviços públicos essenciais?

....

....

....

3 Nos municípios existem diferentes comunidades. Elas podem ser formadas por pessoas que vivem no mesmo bairro, que têm os mesmos costumes, estudam na mesma escola, enfim, tenham algum interesse em comum. De quais comunidades você faz parte?

....

....

....

....

4 Um município geralmente é constituído por vários bairros e cada um deles apresenta características próprias. Escolha um bairro do município em que mora e responda no caderno:

- Qual é o nome desse bairro?
- O bairro é urbano ou rural?
- O bairro conta com serviços essenciais? Quais?
- O bairro tem área de lazer? Tem escolas e hospitais?

O TEMA É...

Trabalho: mudanças e permanências

Ao longo da história, ocorrem também mudanças nas profissões exercidas pelas pessoas. Certas profissões que existiam no passado deixaram de existir, e outras permaneceram.

> Quando eu era pequeno, minha avó me contou que na sua infância, vivida nos anos 1910, ela costumava ficar na janela, esperando os acendedores de lampiões a gás da rua onde morava. Ela gostava de ver quando, um a um, os lampiões eram acesos.
>
> Pela manhã, bem cedinho, os acendedores voltavam para apagar os lampiões.

Depoimento de um senhor que viveu a infância nos anos 1950, concedido especialmente para esta obra.

Os acendedores de lampiões entravam em cena no finzinho da tarde, com uma vara especial dotada de uma esponja de platina na ponta. Ao amanhecer, apagavam, limpavam os vidros e abasteciam, quando necessário. Em 1830, na cidade de São Paulo, usavam azeite como combustível. Somente na metade do século o gás chegou à capital paulista.

Museu Afroparanaense. Disponível em: <https://museuafroparanaense.wordpress.com/2016/02/11/acendedor-de-lampioes/>. Acesso em: 10 jan. 2019.

- Você já tinha ouvido falar na profissão de acendedor de lampiões? O que sabia sobre ela?
- Por que essa profissão desapareceu?
- Converse com o professor e os colegas sobre a importância da iluminação pública.

● Acendedor de lampiões, no município do Rio de Janeiro, estado do Rio de Janeiro, no final do século 19.

Uma das profissões mais antigas nas cidades brasileiras é a de vendedor ambulante. Ainda hoje podemos encontrar esses trabalhadores nas cidades.

O texto abaixo trata dessa profissão no final do século 19:

> Quando alguém precisava de verduras, legumes, um pedaço de carne para o almoço, fruta ou doce para sobremesa poderia conseguir aqueles itens sem sair de casa. [...] Se as pessoas não iam ao mercado, o mercado chegava até elas em tabuleiros, carrinhos de mão, cestos e carroças, conduzidos por livres e escravos, brasileiros e imigrantes, entre eles, muitas mulheres.

Pelas ruas, de porta em porta. Verdureiros, quitandeiras e o comércio ambulante de alimentos em Campinas na passagem do Império à República, de Walter Martins. **Revista de História Regional**. Disponível em: <www.revistas2.uepg.br/index.php/rhr/article/view/2352/1846>. Acesso em: 10 jan. 2019.

● Vendedoras ambulantes de acarajé no município de Salvador, no estado da Bahia, cerca de 1950.

● Vendedor ambulante de frutas no município de Valença, no estado da Bahia, em 2016.

- Na cidade em que você mora, é possível encontrar trabalhadores ambulantes?

- Você acha que atualmente existem profissões que poderão desaparecer no futuro? Quais? Justifique sua resposta.

11 BAIRROS E MUNICÍPIOS TÊM HISTÓRIA

Os bairros e os municípios têm história. Eles também mudam com o passar do tempo.

Por isso, é provável que o bairro onde você mora não tenha sido sempre da mesma forma que você conhece. Podem ser abertas novas ruas ou avenidas, casas podem dar lugar a prédios, árvores podem ser derrubadas, entre outras mudanças.

- Bairro do Porto da Barra em Salvador, no estado da Bahia, cerca de 1865.

- O mesmo bairro em 2017.

- Que semelhanças e diferenças você nota entre as imagens acima? Converse com os colegas e o professor.

Agora, leia este depoimento e observe as imagens que o acompanham, comparando as mudanças no bairro.

Vou contar um pouco da história da Tijuca, o bairro onde moro, no município do Rio de Janeiro.

Antigamente os bondes, espécie de veículos que trafegavam sobre trilhos, circulavam pelas ruas. Carros, como os de hoje, eram raros.

Meu avô um dia me contou que, quando ele era criança, era tudo muito diferente. Havia ainda muitos engenhos de açúcar e plantações de café que tomavam conta de uma grande área do bairro.

Ainda na Tijuca de hoje, existe a maior floresta urbana do mundo, reflorestada a mando de dom Pedro II, imperador do Brasil, depois de parcialmente destruída pelas plantações de café.

Hoje, a Tijuca é um bairro muito populoso e com um intenso trânsito.

Depoimento de um senhor que passou a infância nos anos 1930, concedido especialmente para esta obra.

● Bonde do bairro da Tijuca, no município do Rio de Janeiro, no estado do Rio de Janeiro, em 1905.

● Bairro da Tijuca, no município do Rio de Janeiro, no estado do Rio de Janeiro, em 2019.

Nos bairros, podemos identificar construções ligadas a diferentes atividades, como residências, indústrias, comércios e serviços turísticos. Isso também pode mudar no decorrer da história do município, pois as edificações podem ser utilizadas de modos diferentes ao longo do tempo.

● A Casa da Cultura, no Recife, no estado de Pernambuco, está instalada em um prédio construído em meados do século 19. O edifício, que funcionou como uma penitenciária durante mais de cem anos, é hoje um espaço de cultura que abriga exposição de artesanato, comidas típicas e eventos ligados à tradição pernambucana. Foto de 2013.

Pode ser que os prédios mais modernos que você conhece se tornem, no futuro, prédios históricos – ou seja, edifícios que nos fazem lembrar do passado e de tudo o que acontecia na época em que foram construídos.

● O Teatro Amazonas em Manaus, no estado do Amazonas, foi inaugurado em 1896. Foto de cerca de 1945.

● Hoje, o teatro ainda é preservado e funciona normalmente. Ele é considerado um monumento histórico. Foto de 2016.

Saiba mais

EXPLORE A PÁGINA E DIVIRTA-SE!

A Arqueologia e a história das cidades

A Arqueologia é uma ciência que estuda as sociedades do passado mediante a observação do que se chama cultura material (ferramentas, móveis, adornos, vestimentas, armas, artesanatos, construções), os restos orgânicos (restos de comida, lixeiras) e os próprios indivíduos (ossadas, sepultamentos, múmias).

A Arqueologia consegue estudar o desenvolvimento das sociedades e culturas enxergando mudanças através do tempo.

O que é Arqueologia? **Projeto Genoma USP**. Disponível em: <http://genoma.ib.usp.br/sites/default/files/atividades-interativas/arqueologia_o_que_e_mar2015.pdf>. Acesso em: 17 jan. 2019.

● Escavações na área do cais do Valongo no Rio de Janeiro, no estado do Rio de Janeiro, em 2011.

● Cais do Valongo em 2016. O local foi construído em 1811 e utilizado como área de desembarque de africanos escravizados até 1831. Ele havia sido aterrado na década de 1890 e foi redescoberto após o trabalho de revitalização do porto do Rio de Janeiro, a partir de 2011. Arqueólogos e outros profissionais fizeram escavações no local e encontraram objetos como anéis, amuletos e botões feitos de ossos, muitos deles pertencentes aos africanos que foram trazidos para o país.

● Achados arqueológicos do cais do Valongo em 2012.

Atividades

1 Observe a seguir as três imagens de uma construção no bairro da Luz, na cidade de São Paulo, no estado de São Paulo. Perceba que muita coisa mudou conforme o tempo foi passando. Ao lado de cada imagem, escreva as mudanças que você identifica nela em relação às outras duas.

● Convento da Luz em São Paulo, no estado de São Paulo, em 1875.

● Convento da Luz em 1967.

● Convento da Luz em 2017.

2 Observe a imagem abaixo e responda à pergunta.

● Praça do Marco Zero no bairro do Recife Antigo, município de Recife, no estado de Pernambuco, em 2017.

- Podemos dizer que esse bairro sofreu mudanças com o tempo? Como você percebeu isso?

....

....

....

3 Com os colegas, conheça um pouco mais o município onde moram.

a) Pesquisem em museus e bibliotecas, conversem com moradores antigos, observem fotos que mostrem a história do município.

b) Façam uma ficha em uma folha de papel à parte com as seguintes informações sobre o município: nome atual; outros nomes que já teve; local onde se estabeleceram os primeiros habitantes; motivo que os levou a se estabelecerem nesse local.

c) Elaborem um cartaz com fotos, gravuras e mapas mostrando o município atualmente.

d) Observem atentamente a ficha e o cartaz. Com base neles, escrevam, em uma folha de papel à parte, a história do município: Que mudanças ocorreram? Foram positivas ou negativas? Por quê?

e) Exponham em um painel tudo o que foi produzido: a ficha, o cartaz e a história do município.

VOCÊ EM AÇÃO

Criando o município ideal

Que tal criar a história de um município onde você e seus amigos gostariam de morar?

Material necessário

- folha de papel
- lápis e borracha
- canetinhas coloridas

Como fazer

1. De acordo com as orientações do professor, reúnam-se em grupos de três alunos.

2. Discutam sobre como seria o município onde vocês gostariam de morar: Como seria a vida nesse lugar? De onde viriam os alimentos? Há algum tipo de monumento ou construção antiga que revela parte da história desse município? Como e quando esse lugar surgiu? Quem eram as pessoas que o formaram e como elas viviam?

3 Destaquem o que mudou e o que permaneceu desde a sua fundação. Anote os tópicos em um papel.

4 Agora que vocês já decidiram como seria o município ideal onde vocês gostariam de morar e os principais aspectos da história desse lugar, preparem uma apresentação para os colegas, contando como é esse município. Para isso vocês também podem utilizar desenhos.

5 Se quiserem, vocês podem inventar personagens para deixar a história mais divertida!

- Que características desse lugar inventado poderiam também estar presentes no seu dia a dia?

UNIDADE 4
IDENTIDADE E CULTURA

Barraca da Tapioca

Entre nesta roda

- Você conhece alguma das manifestações culturais representadas na imagem? Quais? Alguma delas acontece em seu município?
- Você conhece alguém que tenha nascido em outro país? Essa pessoa tem hábitos diferentes dos seus? Quais?

Nesta Unidade vamos estudar...

- Identidade e nacionalidade
- Cultura brasileira
- Hábitos indígenas
- A cultura afro-brasileira

Barraca da Pamonha

12 A NACIONALIDADE

Além do nome que recebemos ao nascer, nossa identidade também está relacionada com o lugar onde nascemos.

Quem nasce no Canadá tem nacionalidade canadense; quem nasce na China tem nacionalidade chinesa.

As pessoas que nascem no Brasil têm nacionalidade brasileira.

A certidão de nascimento é um dos documentos que comprovam a nacionalidade de uma pessoa.

O Brasil foi formado por diversos povos: indígenas, que aqui vivem há milhares de anos, e também por descendentes de portugueses, de povos africanos e de imigrantes de diversos países.

- Qual é a sua nacionalidade? Você conhece pessoas de outras nacionalidades?

Entre os símbolos que podem representar e identificar um país estão a bandeira e o hino nacional.

Pense, por exemplo, em competições esportivas internacionais como as Olimpíadas e a Copa do Mundo. Você deve ter notado que os países são representados pelas cores de sua bandeira e que, antes de um jogo ou uma prova esportiva, é tocado o hino nacional das nações que vão competir.

● Atletas de várias nacionalidades carregam a bandeira de seus países na cerimônia de abertura das Olimpíadas do Rio de Janeiro, no estado do Rio de Janeiro, em 2016.

A bandeira brasileira foi criada em 1889. A cor verde simboliza as matas brasileiras; o amarelo remete ao ouro; o azul representa o céu; e o branco, a paz.

Outro elemento que caracteriza a identidade brasileira é a língua. Apesar dos diferentes sotaques e expressões encontrados no Brasil, a língua falada em todo o território é a mesma, isto é, a língua portuguesa.

- Você já viajou para alguma cidade ou estado brasileiro em que as pessoas tinham um sotaque diferente do seu? Como se sentiu?

● Bandeira do Brasil.

Identidade e identidade cultural

Identidade é tudo aquilo que caracteriza você como indivíduo. Tudo de que você gosta e acaba se identificando mais, isto é, suas preferências e seus gostos, que podem ser iguais aos gostos e preferências de um grupo ou diferentes.

Leia o texto abaixo, que trata da identidade.

[...] As identidades de uma pessoa podem ser muitas e mudam ao longo da sua vida. Elas servem para que as pessoas se sintam parte de um grupo, com semelhanças entre si, e que se diferenciem das pessoas que fazem parte de outros grupos, com outras características. [...]

África e Brasil africano, de Marina de Mello e Souza. São Paulo: Ática, 2006. p. 105.

Por exemplo, Igor gosta de andar de *skate*, por isso as roupas que ele veste, os lugares que ele frequenta e algumas palavras que ele fala têm a ver com essa preferência. Igor tem uma **identidade cultural** de *skatista*.

Ao dizermos que somos brasileiros, estamos nos identificando com um grande grupo de pessoas que, além de nascerem no mesmo país, falam a mesma língua e compartilham a mesma história e a mesma **cultura**.

> **cultura:** diz respeito ao conjunto de tradições, costumes, conhecimentos de uma dada sociedade, de um grupo ou classe social.

- Você se identifica com algum esporte ou estilo musical? Com qual(is)? Conte para os colegas e o professor.

Atividades

1 Qual é a nacionalidade de quem nasce no Brasil? Que documento reconhece isso?

2 Qual é a sua nacionalidade? Você se identifica com as pessoas do lugar onde nasceu? Em quê? Explique.

3 Imagine que você precisa escrever uma carta para alguém que mora em outro país. O que você contaria para essa pessoa sobre o Brasil e sobre ser brasileiro? Escreva abaixo.

13 BRASIL MULTICULTURAL

Toda comunidade tem sua história, seus costumes e sua maneira de comemorar ou lembrar acontecimentos importantes.

A cultura faz parte do modo de vida de um povo. Os conhecimentos, os costumes e o modo de agir caracterizam um **grupo social** e são transmitidos ao longo da história.

O Brasil é um país de muitas culturas. Nossos costumes começaram com a mistura das tradições de povos indígenas (que já viviam aqui), dos portugueses (que **colonizaram** o país) e de africanos (trazidos à força para trabalhar como escravos).

> **grupo social:** conjunto de pessoas que se relacionam por viverem na mesma sociedade e terem algo em comum (interesses, nacionalidade, classe social, por exemplo).
> **colonizaram:** transformaram um local em colônia; exploraram aquele local como se fosse sua propriedade.

● Apresentação do boi-bumbá Garantido em Parintins, no estado do Amazonas, 2018.

● Roda de maculelê em Ruy Barbosa, no estado da Bahia, 2014.

Ao longo da história do Brasil, nem sempre essa mistura de culturas foi pacífica. Por exemplo, os portugueses colonizadores exploraram o trabalho dos indígenas, e grande parte das populações indígenas que aqui viviam morreu por causa de doenças trazidas pelos colonizadores. Além disso, como citado anteriormente, os africanos foram trazidos à força para trabalhar como escravos.

Até hoje, mesmo que muitos continuem lutando por direitos iguais para todos, ainda há injustiças causadas por esse passado de desigualdade.

Além de portugueses e africanos, pessoas de diferentes países vieram para cá trazendo seus costumes, que se misturaram aos que já existiam aqui.

● Família de imigrantes alemães que vieram ao Brasil em 1924.

● Família de imigrantes libaneses que vieram ao Brasil no século 20.

● Passaporte de casal espanhol que veio ao Brasil em 1923.

Tanto os povos que já viviam no Brasil como os que chegaram depois contribuíram para a formação dos nossos costumes.

Podemos perceber essas contribuições, por exemplo, na nossa alimentação. Veja alguns exemplos:

- Os italianos trouxeram a *pizza*, a lasanha e algumas palavras, como "tchau", usada nas despedidas.

- Os japoneses trouxeram o hábito de comer peixe cru e de temperar a comida com molho de soja.

- O acarajé é um prato introduzido no Brasil pelos africanos.

- Os indígenas influenciaram a nossa alimentação com pratos à base de mandioca, como a tapioca.

Além da alimentação, há outras manifestações culturais que revelam a influência dos povos que formaram a cultura brasileira: costumes, festas, danças, músicas, vocabulário, crenças, entre outras.

Atividades

1 Dependendo da sua origem, as famílias têm costumes diferentes.

a) Qual é a origem da sua família?

....
....
....

b) Sua família tem algum costume que você não vê em outras famílias? Se tem, qual é?

....
....
....

c) Esse costume tem a ver com a origem da sua família? Se sim, explique.

....
....
....

2 Todos os anos são comemoradas, no Brasil, muitas festas. No lugar onde você mora, quais festas costumam ser comemoradas? Você conhece a origem delas?

....
....
....
....
....

Cultura indígena

Você já percebeu como a cultura indígena está presente em nosso dia a dia? Por exemplo, você conhece alguém que se chame Tainá, Cauê ou Jandira? Já ouviu as palavras Ipanema, pipoca, jacaré ou Maracanã?

Todos esses nomes são de origem indígena e fazem parte do nosso dia a dia, assim como alguns hábitos. Veja alguns exemplos.

● Mulher da etnia Aparai-Wayana descansa em rede na aldeia Jolokoman, na serra do Tumucumaque, no estado do Amapá, 2015. O hábito de dormir em redes foi herdado dos indígenas e está presente em muitas casas, especialmente nas regiões Norte e Nordeste do país.

Muitos de nossos hábitos são heranças dos diversos povos indígenas que habitavam o território brasileiro há muito tempo.

A tapioca, por exemplo, é um alimento de origem indígena feito com a mandioca, planta cultivada pelos povos nativos desde muito antes da chegada dos europeus. Com ela também são feitos o beiju, a farinha e bebidas.

● Família de indígenas da etnia Aparai-Wayana preparando farinha de mandioca na aldeia Bona, na serra do Tumucumaque, no estado do Amapá, 2015.

Os saberes indígenas

Quando os portugueses chegaram às terras que atualmente formam o Brasil, encontraram diversos povos indígenas vivendo aqui, com hábitos, línguas e costumes próprios. Eram povos que possuíam muitos conhecimentos sobre agricultura, medicamentos naturais e usos dos recursos da floresta.

Embora os mais de 500 anos de ocupação do território pelos europeus tenham sido marcados pelo desrespeito aos povos e às tradições indígenas, ao longo do tempo, alguns saberes e hábitos foram incorporados pelos brancos.

Até hoje, por exemplo, em alguns lugares, são construídas canoas da mesma forma que os indígenas construíam, a partir de um único tronco de árvore.

● **Canoa com índios**, litografia colorida de Johann Moritz Rugendas, 1835. Compare a canoa da obra de Rugendas com a canoa da fotografia da próxima página. Como é possível observar, elas são muito semelhantes.

Canoa artesanal esculpida em um só tronco de árvore, usada para pesca em Itacaré, no estado da Bahia, 2016.

Outra contribuição importante dos povos indígenas para a cultura brasileira são os **mitos**. Por meio deles é possível conhecer e compreender as culturas dos povos nativos.

Alguns mitos procuram explicar a origem do mundo, dos seres humanos, dos animais, das plantas e dos fenômenos da natureza. Os mitos são transmitidos de geração em geração.

mitos: narrativas simbólicas ou fantasiosas, com elementos sobrenaturais, transmitidas pela tradição oral de um povo, que retratam sua visão de mundo e de aspectos da natureza humana.

Saiba mais

Arte indígena

Você sabia que arte indígena pode ser encontrada em quase tudo que é produzido pelos índios? Isso mesmo, em suas cerâmicas, redes, cestarias e demais produtos. Além disso, a arte também está presente na pintura corporal e nos ornamentos. Nesse caso, não é apenas para enfeitar ou embelezar, mas indica uma situação específica: guerra, nascimento de filhos, ritos e lutos. [...]

Ao contrário do que se pensa, não devemos chamar a arte indígena de primitiva, pois trata-se de uma arte bastante elaborada. Eles observam a natureza e a representam por meio das formas geométricas e, pela repetição e variação de tamanho, obtêm-se ritmo e equilíbrio e cada tribo tem seu próprio estilo.

Arte indígena não tem nada de primitiva, de **Turminha do MPF**, 4 abr. 2016. Disponível em: <www.ebc.com.br/infantil/voce-sabia/2016/04/arte-indigena-nao-tem-nada-de-primitiva>. Acesso em: 22 jan. 2019.

Balaios feitos por indígenas Baniwa, de Manaus, no estado do Amazonas. Foto de 2015.

Cultura afro-brasileira

Durante o período em que o território brasileiro foi colonizado pelos portugueses, foram trazidos para cá, à força, milhares de africanos para trabalhar como escravos nas lavouras de cana-de-açúcar e, mais tarde, na mineração e nas lavouras de café. Esses homens, mulheres e crianças pertenciam a muitos povos diferentes, com hábitos, crenças e cultura próprios, e viviam em comunidades distantes umas das outras.

Depois da cultura portuguesa, a africana foi a que mais influenciou a cultura brasileira. Ainda que esses africanos tenham vindo sem nenhum pertence, trouxeram todos os saberes de sua terra natal, suas crenças, seus ritmos, seus rituais e suas histórias.

Podemos identificar a cultura africana em diversas manifestações no Brasil: danças, festas, músicas e alimentos.

Na alimentação, por exemplo, essa influência pode ser percebida pela introdução de alguns alimentos, como a banana, o coco, a cana-de-açúcar, o azeite de dendê, o quiabo, o inhame, entre outros.

● O dendezeiro tem origem na África e foi trazido para cá pelos africanos escravizados. Com seus frutos, faz-se o azeite de dendê, muito usado na culinária brasileira, sobretudo na baiana.

Na língua portuguesa falada no Brasil a influência africana também é muito forte. Fazem parte do vocabulário da maioria dos brasileiros palavras como caçula, cafuné, miçanga, molambo, moleque, cachimbo, samba, entre outras.

O samba, um dos ritmos brasileiros mais conhecidos, tem origem africana. O samba nasceu na Bahia, no século 19, da mistura de ritmos africanos, mas foi no Rio de Janeiro que ele se desenvolveu. Nem sempre o samba foi um símbolo bem visto do Brasil. Durante a década de 1920, quem fosse pego cantando ou tocando samba poderia ser preso, pois estava ligado à cultura africana, que era malvista na época.

● Samba de roda em Santo Amaro, no estado da Bahia, 2017. O samba de roda do Recôncavo Baiano é considerado um patrimônio imaterial. Surgiu entre os escravos na Bahia por volta de 1860 e logo desembarcou no Rio de Janeiro.

Alguns povos africanos também trouxeram festejos ligados a sua religiosidade. As festas portuguesas e africanas foram modificadas aqui e se transformaram em tradições brasileiras. A Lavagem do Bonfim, por exemplo, é uma tradição que mescla catolicismo e candomblé e é comemorada até hoje.

Não se sabe ao certo quando ocorreu a primeira lavagem. Em 1804 as mulheres devotas tiveram a permissão de levar a imagem do Senhor Bom Jesus do Bonfim para a igreja. Essas mulheres lavavam e decoravam a igreja e espalhavam areia e folhas de laranjeira, como costumavam fazer em homenagem aos orixás nos terreiros.

● **Lavagem do Bonfim**, óleo sobre tela de Jurandi Assis, 1996. Essa tela mostra a participação dos africanos nos cultos religiosos vindos da Europa.

Saiba mais

A capoeira

Inicialmente desenvolvida para ser uma defesa, a capoeira era ensinada aos negros cativos por escravos que eram capturados e voltavam aos engenhos.

Os movimentos de luta foram adaptados às cantorias africanas e ficaram mais parecidos com uma dança, permitindo assim que treinassem nos engenhos sem levantar suspeitas dos capatazes.

Durante décadas, a capoeira foi proibida no Brasil. A liberação da prática aconteceu apenas na década de 1930, quando uma variação (mais para o esporte do que manifestação cultural) foi apresentada ao então presidente Getúlio Vargas, em 1953, pelo Mestre Bimba. O presidente adorou e a chamou de "único esporte verdadeiramente nacional".

A capoeira é hoje Patrimônio Cultural Brasileiro e recebeu, em novembro de 2014, o título de Patrimônio Cultural Imaterial da Humanidade.

● Roda de capoeira em Salvador, no estado da Bahia, 2019.

Cultura afro-brasileira se manifesta na música, religião e culinária. **Portal Brasil**, 4 out. 2009. Disponível em: <www.brasil.gov.br/noticias/cultura/2009/10/cultura-afro-brasileira-se-manifesta-na-musica-religiao-e-culinaria>. Acesso em: 22 jan. 2019.

● **Jogar capoeira**, litografia colorida de Johann Moritz Rugendas, século 19.

Atividades

1 Leia a letra da canção abaixo.

Tu tu tu tupi

Todo mundo tem um pouco de índio
dentro de si
dentro de si
[...]
Jabuticaba, caju, maracujá,
pipoca, mandioca, abacaxi,
é tudo tupi
tupi-guarani
tamanduá, urubu, jaburu,
jararaca, jiboia, tatu... tu tu tu [...]
[...]
arara, tucano, araponga, piranha,
perereca, sagui, jabuti, jacaré,
jacaré... jacaré...
quem sabe o que é que é?
[...]

ZISKIND, Hélio. Tu tu tu tupi. Intérprete: Hélio Zizkind. In: **Meu pé meu querido pé**. São Paulo: MCD, 1997.

a) Grife no texto as palavras de origem tupi que são nomes de animais.

b) Na sua opinião, o que o autor da canção quis dizer com o verso "Todo mundo tem um pouco de índio dentro de si"? Ele se refere a todas as pessoas ou apenas aos brasileiros? Explique com suas palavras.

c) Você concorda com ele? Converse com os colegas e o professor.

2 Uma das formas de conhecer a história e a cultura de um povo é por meio do folclore e dos costumes. Pesquise em livros, revistas e na internet imagens de costumes, danças, alimentos ou festas que herdamos dos povos africanos. Cole-as ou desenhe-as nos espaços abaixo.

Dança

Alimento

Costume

Festa

O TEMA É...

As culturas indígenas e afro-brasileiras e sua relação com a natureza

Os diversos povos indígenas têm uma relação muito próxima com os elementos naturais. O cultivo de alimentos, a caça, a coleta de frutos e a exploração dos recursos das florestas são praticados com muito cuidado.

● Turista observa samaúma no Parque Nacional do Jaú, em Novo Airão, no estado do Amazonas, 2019. A samaúma, também chamada de sumaúma, é considerada pelos indígenas "a mãe da floresta".

Samaúma

Considerada a rainha da floresta amazônica, essa imensa árvore é respeitada e protegida pelos índios, que acreditam que nela moram espíritos poderosos. A samaúma tem uma particularidade: suas imensas raízes, repletas de água, chamadas de sapopembas. Os Ticuna, por exemplo, as usam como tambores acústicos para se comunicar a longa distância na floresta. Mas a espécie está ameaçada: como sua madeira se esfarela facilmente, tem sido muito utilizada pela indústria de compensados.

ABC dos povos indígenas no Brasil, de Marina Kahn. São Paulo: Edições SM, 2011.

- Considerando o texto sobre a samaúma, o que é possível dizer sobre a forma como os povos indígenas veem a natureza?

- Você conhece práticas adotadas pelas populações indígenas que estão em harmonia com a natureza? Quais?

- No seu dia a dia, quais são as atividades que você realiza em lugares com muitos elementos naturais?

● As árvores fazem parte dos rituais de diversas religiões afro-brasileiras. Em alguns terreiros de candomblé são encontradas plantas ameaçadas de extinção. Elas sobrevivem nesses locais porque são protegidas pelos adeptos dessa religião. Terreiro Axé Ilê Obá, em São Paulo, no estado de São Paulo, 2013.

> Os negros receberam uma grande ajuda dos índios assim que desembarcaram em terras brasileiras, com sua medicina e seus rituais religiosos peculiares. O intercâmbio de informações entre os dois povos foi favorecido por uma crença em comum: a de respeito ao meio ambiente. Para ambos, cuidar da natureza sempre significou cuidar das divindades.
>
> **Aderbal Ashogun** (Ylê Omi Oju Aro). Disponível em: <http://antigo.acordacultura.org.br/mojuba/programa/meio-ambiente-e-sa%C3%BAde-0>. Acesso em: 22 jan. 2019.

- Você conhece outros exemplos de religiões que protegem elementos da natureza?
- Você tem afeto por alguma árvore? Conhece pessoas que protegem árvores?

VOCÊ EM AÇÃO

Jogando com palavras

Vamos descobrir mais palavras de origem indígena ou africana?

Material necessário

- folha de papel sulfite
- canetinhas coloridas
- tesoura com pontas arredondadas

Como fazer

1. Em grupos, pesquisem e selecionem quatro palavras: duas de origem indígena e duas de origem africana.

2. Recortem uma folha de papel sulfite em quatro partes iguais. Cada pedaço de papel deve conter uma ficha com os seguintes dados:
   - um traço para cada letra da palavra;
   - três dicas para que o outro grupo adivinhe a palavra.

3. Um grupo joga contra o outro. O objetivo é adivinhar a palavra escolhida pelo outro grupo. Escolham uma ficha e leiam as dicas para o grupo oponente.

4. Caso o outro grupo não adivinhe a palavra, ele pode escolher uma letra. Se a palavra apresentar essa letra, preencham o espaço correspondente (como no jogo da forca) e informem o outro grupo até ele descobrir a palavra.

5. Em qualquer momento do jogo o grupo pode descobrir a palavra e dizê-la.

UNIDADE 3 — A PAISAGEM 176

- **8** Os elementos da paisagem 178
  - A ação do ser humano e a paisagem 180
  - A ação da natureza e a paisagem 182
- **O tema é...** → Poluição visual e a saúde da população urbana 188
- **9** O relevo 190
- **10** Os rios 194
  - As partes de um rio 195
  - A importância dos rios 198
  - Como a água chega à sua casa? 199
- **11** O tempo atmosférico e o clima 204
  - A observação do tempo atmosférico 205
- **12** A vegetação 210
  - A destruição da vegetação 211
  - A vegetação natural do Brasil 212
- **Você em ação** → Simulando a infiltração da água no solo 216

UNIDADE 4 — O MUNICÍPIO E AS LEIS 218

- **13** Quem governa o município 220
  - O Poder Executivo 220
  - O Poder Legislativo 221
- **O tema é...** → O papel das leis na vida de povos indígenas e comunidades tradicionais 224
- **14** Representando o município, o estado e o país 226
  - A localização do município 226
  - A localização do estado 230
  - A localização do país 234
- **Você em ação** → Elaborando leis para a escola 238

BIBLIOGRAFIA 240

PÁGINA + CAÇA AO TESOURO

Tales Azzi/Pulsar Imagens

Eduardo Zappia/Pulsar Imagens

Entre nesta roda

- Como você e seus familiares fazem para chegar a um lugar que não conhecem?

- Vocês já utilizaram os meios de orientação que aparecem na imagem? Quais?

- Você saberia explicar a uma pessoa onde você mora? Como faria?

Nesta Unidade vamos estudar...

- Maquetes e plantas

- Visão vertical e oblíqua

- Orientação: direções cardeais e colaterais

1 REPRESENTAÇÃO

Joana e Rodrigo moram no mesmo bairro, mas estudam em escolas diferentes.

NA MINHA ESCOLA AS SALAS DE AULA FICAM PERTO DE UM PÁTIO, CHEIO DE ÁRVORES. NELAS, AS CARTEIRAS FICAM ENFILEIRADAS.

NAS SALAS DE AULA DA MINHA ESCOLA AS CARTEIRAS FICAM EM CÍRCULO. A MINHA SALA FICA PERTO DA CANTINA.

Observe nas fotos abaixo algumas salas de aula de diferentes escolas.

● Sala de aula na escola indígena da aldeia Ipavu, do povo Kamayurá, em Gaúcha do Norte, no estado de Mato Grosso, 2018.

● Sala de aula em escola municipal na comunidade Pipipã, em Floresta, no estado de Pernambuco, 2016.

- Como é a escola em que você estuda? Sua sala de aula é semelhante às salas mostradas nas fotos? Converse com o professor e os colegas.

Maquete e planta

É possível representar um espaço de várias maneiras. A **maquete**, por exemplo, é uma miniatura **tridimensional** de uma construção ou de um lugar. Observe a foto abaixo.

tridimensional: que apresenta três dimensões (comprimento, largura e altura).

👉 Maquete de condomínio localizado em São Paulo, no estado de São Paulo. Foto de 2017.

Outra forma de representação é a **planta**. Observe abaixo a planta de um apartamento. Veja que ela também é uma representação reduzida (ou seja, menor) da realidade, como a maquete, mas é **bidimensional**. As plantas são utilizadas para representar espaços de pequenas dimensões, desde os cômodos de uma casa até um bairro, por exemplo.

bidimensional: que apresenta duas dimensões (comprimento e largura).

👉 Planta de apartamento.

- Qual é a principal diferença entre a maquete e a planta? Converse com o professor e os colegas.

Atividades

1 Observe na ilustração abaixo a maquete que a professora e os alunos fizeram da sala de aula. Depois, preencha o quadro a seguir, de acordo com as semelhanças e diferenças entre ela e sua sala de aula.

Semelhanças	Diferenças

2. Agora, em grupos, vocês irão fazer uma maquete e uma planta da sala de aula.

Material necessário

- caixa de sapato grande (sem tampa) ou uma caixa de papelão de 42 cm × 27 cm × 12 cm (aproximadamente)
- caixas de medicamento vazias, caixas de fósforos vazias, tampinhas de garrafa PET e outros materiais
- cola branca
- papel colorido e/ou decorado
- tesoura de pontas arredondadas
- régua de 30 cm
- lápis
- fita adesiva
- canetinha colorida

Como fazer

1. Colem, na base da parte interna da caixa de papelão, um papel colorido para representar o chão da sua sala de aula.

2. Depois, marquem com o lápis as laterais da caixa para indicar a posição, o tamanho e a localização da lousa, da porta e das janelas.

3. Agora, recortem as janelas e a porta seguindo a marcação feita a lápis e colem um papel colorido na parte interna de uma das laterais da caixa para representar a lousa.

4. Selecionem, entre as caixas de medicamento, de fósforos, etc. quais serão utilizadas para representar os móveis da sala de aula. Estejam atentos aos tamanhos e formatos das caixas para escolher as que mais se parecem com os móveis reais da sala.

5. Por fim, usem a criatividade para complementar a maquete com outros detalhes da sala de aula: lixeira, murais, etc.

a) Com a maquete finalizada, estiquem um papel transparente sobre ela, apoiando nas laterais e, utilizando uma canetinha colorida, desenhem os elementos vistos de cima para baixo. Observem um exemplo na imagem a seguir.

- Agora, desenhem abaixo dois elementos representados na planta. Depois, escrevam o nome deles.

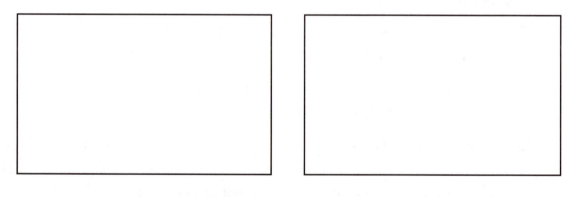

b) Na planta da sala de aula feita na atividade anterior, indiquem onde cada colega costuma se sentar. Depois, observando a planta da sala de aula, conversem com o professor e os demais colegas sobre:

- quem senta mais próximo da mesa do professor;
- quem senta mais próximo da porta;
- quem senta mais próximo da janela.

Diferentes pontos de vista

Dependendo do lugar em que estamos podemos enxergar objetos, construções e paisagens de diferentes pontos de vista.

Para representar a planta da sala de aula, por exemplo, você utilizou o ponto de vista de cima para baixo, ou seja, a **visão vertical**.

Observe, abaixo, uma representação da escola de Joana, na visão vertical.

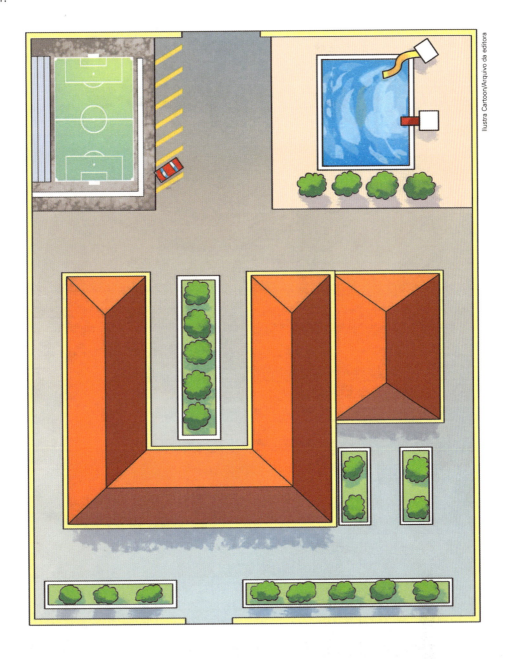

- Quais elementos da escola você identifica nessa representação? Converse com o professor e os colegas.

Agora, observe a representação abaixo, que mostra a escola de Joana vista do alto e de lado: é a **visão oblíqua**.

- O que você observa na imagem acima? Quais são as diferenças em relação à representação da escola de Joana na visão vertical? Converse com o professor e os colegas.

# Atividades

 1 Onde está o tesouro?

- A turma de Pedro organizou uma brincadeira de caça ao tesouro na escola.

    a) O irmão de Pedro está na entrada da escola e precisa de instruções para encontrar o tesouro (marcado com um **X** na ilustração). Vamos ajudá-lo? Em grupo, elaborem instruções para que ele chegue ao tesouro.

    b) Escolham outra localização para o tesouro e desafiem um grupo de colegas a elaborar indicações de como encontrá-lo.

2 Observe abaixo outra representação de uma escola. Depois responda às perguntas.

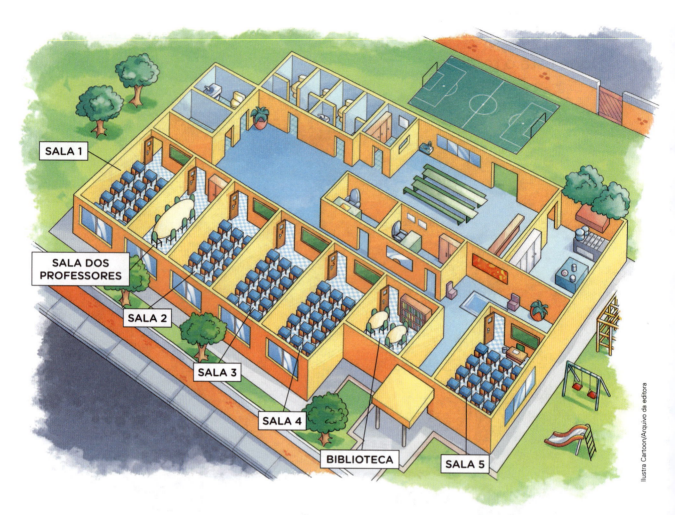

a) A representação foi feita com base em qual visão?
....

b) Quantas salas de aula há nessa escola?
....

c) O que está entre a sala 1 e a sala 2?
....

d) O que há no pátio da escola?
....

3 Faça as atividades das páginas 2, 3, 4 e 5 do **Caderno de mapas**.

A representação do bairro

Daniela e Carla são primas e moram na mesma cidade. Daniela convidou Carla para assistir a uma peça de teatro na escola onde estuda.

Como Carla não conhecia o bairro onde está situada a escola, Daniela pediu auxílio à professora, que procurou uma planta dos arredores da escola para ajudar Carla a se localizar.

Observe a planta que a professora emprestou para Daniela. Veja que ela apresenta uma **legenda**.

A legenda é um elemento muito importante para a leitura de uma representação, pois ela reproduz os símbolos utilizados e explica o significado de cada um deles.

- Localize na planta abaixo a escola de Daniela. Depois, circule o símbolo correspondente.

Arredores da escola de Daniela

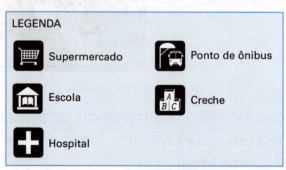

Fonte: elaborado com base em **Google Maps**. Disponível em: <www.google.com/maps/place/R.+dos+Barbosas,+355+-+Amambai,+Campo+Grande+-+MS,+79005-430/@-20.4684808,-54.62583,19z/data=!4m5!3m4!1s0x94 86e616125f8a15:0xd5c3 e80c09040abf!8m2!3d-20.4684219!4d-54.6251697>. Acesso em: 14 fev. 2019.

A planta dos arredores da escola apresentada pela professora não ajudou a prima de Daniela a se localizar, pois ela não conhecia nenhum daqueles **pontos de referência**. Por isso, foi preciso consultar uma planta do bairro onde está a escola.

Observe na planta abaixo a legenda que apresenta os símbolos criados para representar outros pontos de referência do bairro.

pontos de referência: construções (como edifícios, monumentos, etc.) e elementos naturais (como montanhas, árvores, etc.) que facilitam a localização pelas pessoas.

Bairro Amambai, em Campo Grande (Mato Grosso do Sul)

Fonte: elaborado com base em **Google Maps**. Disponível em: <www.google.com/maps/place/R.+dos+Barbosas,+355+-+Amambai,+Campo+Grande+-+MS,+79005-430/@-20.4684808,-54.62583,19z/data=!4m5!3m4!1s0x9486e616125f8a15:0xd5c3e80c09040abf!8m2!3d-20.4684219!4d-54.6251697>. Acesso em: 14 fev. 2019.

O quarteirão da escola

Nas cidades, chamamos de **quarteirão** uma área, geralmente com construções, delimitada por ruas.

Observe na imagem aérea abaixo o quarteirão onde está localizada uma escola, no bairro Rosarinho, na cidade do Recife. Além da escola, o que mais é possível observar na imagem?

Imagem de satélite do quarteirão onde está localizada a escola Regueira Costa, no bairro Rosarinho, Recife, no estado de Pernambuco, 2016.

- Quantas ruas formam o quarteirão onde está localizada a escola? Quais são os nomes dessas ruas?

....

....

As imagens aéreas são obtidas a partir de um ponto de vista elevado. Essas imagens podem ser capturadas por câmeras fotográficas especiais instaladas em aviões, balões, drones, satélites artificiais, etc.

Saiba mais

O que são drones e para que servem?

Você sabia que, atualmente, muitas imagens aéreas são feitas por drones?

Drones são como pequenos helicópteros que alcançam voo por meio das hélices. Eles são alimentados por baterias e podem incluir um localizador, como o **GPS**, que garante a navegação mais precisa.

O comando de um drone fica por conta de pessoas, do lado de fora do aparelho, que usam controles ou celulares. [...] Existem drones de variadas dimensões: alguns podem ter o tamanho de um helicóptero e outros até cabem na palma da mão.

[...] De *selfies* a resgates de pessoas desaparecidas, são muitas as funções desse aparelho. Drones são capazes de realizar serviços em pouco tempo e conseguem chegar a áreas de difícil acesso para humanos.

Um exemplo de uso muito útil aconteceu na Amazônia, onde drones fizeram imagens de praias em rios para detectar pegadas de tartarugas e, assim, encontrar ninhos para protegê-los.

Homem solta drone no porto de Sauípe, no estado de Pernambuco, 2018.

GPS: do inglês *Global Positioning System* (Sistema de Posicionamento Global), é um sistema de navegação que utiliza informações de satélites artificiais para indicar uma localização.

Por dentro dos drones, de Helena Rinaldi. **Joca**. Disponível em: <https://jornaljoca.com.br/portal/wp-content/uploads/2019/01/Colecao.pdf>. Acesso em: 14 fev. 2019.

Foto aérea feita de um drone de plantação de uvas em Garibaldi, no estado do Rio Grande do Sul, 2019.

Atividades

1 Observe a fotografia abaixo, que retrata uma maquete de um quarteirão feita por alunos de uma escola.

🔸 Maquete feita por crianças, 2019.

a) Qual das ilustrações abaixo mostra como a fotografia acima foi tirada? Assinale com um **✗**.

b) Como é chamada essa visão?

....

126

2 Dora e Mateus fizeram a planta do quarteirão onde fica a escola em que estudam. Ajude-os a completar a legenda, indicando o que cada símbolo representa.

3 Percorra as ruas do quarteirão onde está localizada a escola, na companhia de colegas e do professor. Siga o roteiro abaixo e registre as observações no caderno.

a) Quais são os nomes das ruas percorridas?

b) Há casas ou prédios? Há comércio? Quais?

c) Há serviço de saúde, como hospital ou posto de saúde?

d) O que mais chamou a sua atenção no quarteirão da escola?

- Faça, em uma folha à parte, a planta desse quarteirão. Depois, compare seu desenho com o dos colegas.

4 Faça a atividade das páginas 6 e 7 do **Caderno de mapas**.

O TEMA É...

Compartilhar o espaço escolar

A escola é um espaço de uso comum. Na sala de aula, por exemplo, convivemos diariamente com os colegas e o professor. Nela, nos divertimos e aprendemos coisas novas. Observe as imagens desta página e da página seguinte e converse com o professor e os colegas sobre as questões propostas.

- O que os alunos e o professor retratados na ilustração estão fazendo?
- Observe a foto da sala de aula abaixo. Você acha que é importante manter a sala de aula limpa e organizada? Por quê?
- Na sua opinião, quem é responsável pela limpeza e organização dela?
- O que você faz para que o espaço da sala de aula seja agradável para todos?

Sala de aula em escola de Sauri, no Quênia, 2016.

- Nem todas as escolas têm uma boa infraestrutura, com salas de aula mobiliadas, bibliotecas e professores suficientes. Você acha que isso influencia a aprendizagem dos alunos?

- Você acha que situações como a retratada na foto da página anterior prejudicam o aprendizado?

- Que outros fatores você acredita que influenciam no desempenho escolar?

- Quais cuidados você tem com o espaço da sua escola?

- Qual é a importância de manter uma boa convivência com as pessoas no espaço escolar?

- Como é sua convivência na sala de aula com os colegas? E na escola, com os funcionários?

- Você já vivenciou alguma das situações representadas nas ilustrações?

- Você já presenciou algum conflito no espaço escolar? Conte para os colegas o que aconteceu e como a situação foi resolvida.

- O que você sugere para evitar que esse tipo de situação aconteça?

Ilustrações: Ilustra Cartoon/Arquivo da editora

2 ORIENTAÇÃO

Quando você precisa encontrar um lugar em seu bairro, o que você faz? Veja o que estas três crianças fazem:

- Além das maneiras apresentadas acima, você já ouviu falar de outras formas de localizar um lugar que não conhece? Conte aos colegas.

Você viu que uma das crianças, quando precisa encontrar um lugar no bairro, se localiza pelo endereço. Ele possibilita que qualquer pessoa consiga chegar a um lugar desejado.

Entre as informações que constam do endereço de um lugar, estão o nome da rua, avenida ou travessa e o número da casa, do prédio ou de outra construção, como estabelecimentos comerciais, escolas, etc.

Placas na esquina das ruas Bárbara Heliodora e Belo Horizonte, em Governador Valadares, no estado de Minas Gerais, 2018.

Casas em São Paulo, no estado de São Paulo, 2017. Observe os números na fachada das casas.

- Qual é o endereço da escola onde você estuda?

Direções cardeais

Imagine que você tivesse de se localizar e se orientar no mar, sem nenhum ponto de referência, mapa ou instrumento de localização. O que você faria?

Há muitos anos, os seres humanos perceberam que podiam observar alguns astros de qualquer lugar. Assim, passaram a se localizar e se orientar utilizando como pontos de referência os astros no céu.

O Sol, por exemplo, é uma estrela que ilumina e aquece a Terra. Pela manhã, podemos observar o Sol despontando no horizonte – é o nascer do sol. No fim da tarde, observamos ele se pondo, quando não fica mais visível no horizonte – é o pôr do sol.

Todos os dias, o Sol parece fazer o mesmo movimento. Observe a ilustração.

Observando o movimento aparente do Sol, foram estabelecidas quatro direções principais, que nos permitem saber em que lugar estamos e em que direção devemos seguir.

Com o braço direito esticado na direção em que o Sol aparece pela manhã no horizonte, localizamos o leste. O braço esquerdo indica o oeste. À nossa frente está o norte e atrás, o sul.

Norte, sul, leste e oeste são pontos de orientação, chamados **direções cardeais**. Sabendo posicionar-se de acordo com as direções cardeais, é possível orientar-se em qualquer lugar.

A **rosa dos ventos** é um desenho que indica as direções cardeais e as colaterais. Observe na rosa dos ventos ao lado que as letras N, S, L e O indicam as direções cardeais, e as letras NE, SE, SO e NO, as **direções colaterais**. Essas direções são assim chamadas porque se situam entre duas direções cardeais.

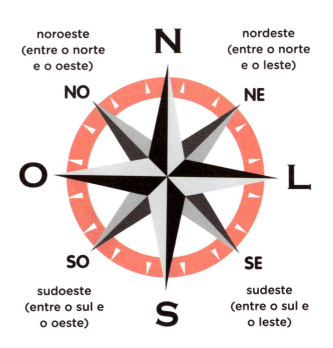

noroeste (entre o norte e o oeste)
nordeste (entre o norte e o leste)
sudoeste (entre o sul e o oeste)
sudeste (entre o sul e o leste)

Saiba mais

Bússola

Uma maneira de nos orientarmos utilizando as direções cardeais é usando uma bússola, instrumento de orientação com uma agulha **imantada** que gira presa pelo centro a um pino e aponta sempre para o norte. Sabendo em qual direção fica o norte, podemos localizar as outras direções cardeais.

Imantada: com ímã; magnetizada.

Por que a bússola aponta para o norte?

A bússola aponta para o Norte por que a Terra forma um gigantesco ímã que exerce força de atração naquela direção. Desde a antiguidade já se sabia que uma agulha imantada e suspensa por seu centro de gravidade aponta sempre na mesma direção, embora não se soubesse por quê. É provável que os chineses tenham sido os primeiros a aproveitar esse conhecimento, por volta do ano 1100 da nossa era, para se orientar em suas viagens marítimas. Cinco séculos se passaram até que, exatamente em 1600, o médico William Gilbert verificou que, ao aproximar uma agulha imantada de uma esfera de magnetita – um minério de ferro magnético –, a agulha se orientava de forma semelhante à que se observava na superfície da Terra. A partir daí, Gilbert deduziu que a própria Terra funciona como um grande ímã, cujo campo magnético se orienta na direção que conhecemos como Norte-Sul.

🟡 Gravura de Ambroise Tardieu mostra como era a bússola na China no século XVIII.

Por que a bússola aponta para o norte? **Superinteressante**, 31 out. 2016. Disponível em: <https://super.abril.com.br/comportamento/por-que-a-bussola-aponta-para-o-norte/>. Acesso em: 28 jan. 2019.

🟡 A bússola foi muito usada pelos navegadores europeus do século XV e continua a ser usada até hoje, na navegação e na aviação.

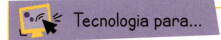 Tecnologia para...

Localizar um endereço

Antes da internet, para localizarmos um endereço, era preciso ter um guia de ruas, um livro que continha os nomes e os mapas de todas as ruas de uma cidade. Imagine o trabalho para atualizá-lo todos os anos (já que os nomes das ruas podem mudar e novas vias podem ser construídas), além do peso para carregar.

Após os anos 2000, a internet revolucionou o modo como nos locomovemos na cidade. Além de tornar mais rápida e exata a localização de endereços, diversos aplicativos preveem o melhor caminho a se seguir e até mesmo o tempo de percurso.

Atualmente há diversos aplicativos de celulares que nos ajudam, inclusive, a evitar congestionamentos.

Com um *smartphone* ou um computador com acesso à internet, em um *site* de buscas, digite o nome da sua escola e, depois, clique em "Como chegar".

Você verá que, em seguida, a tela mostrará um mapa com a localização da sua escola.

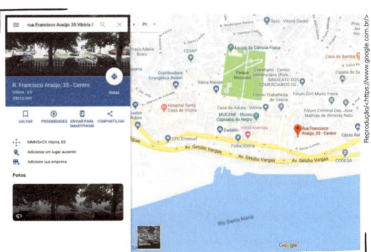

Página do Google Maps mostra a localização do endereço pesquisado.

- Além da localização da escola em que você estuda, que outras informações você pode obter?

- Você acha que ainda é importante saber se orientar por meio dos pontos cardeais? Por quê?

1 Observe o menino no centro da praça. Pinte na cena os estabelecimentos que aparecem nas seguintes direções, de acordo com a legenda.

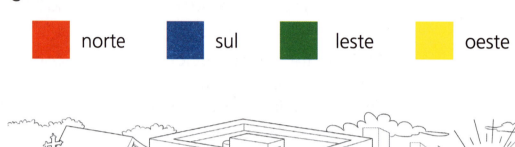

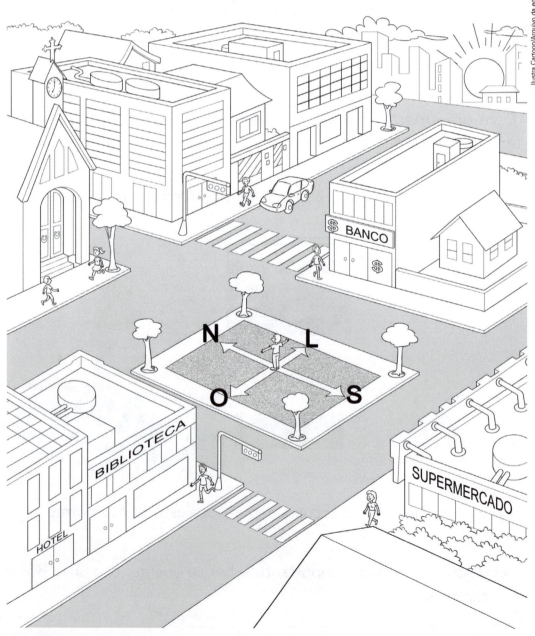

2 Observe, na ilustração abaixo, Manoela assistindo ao pôr do sol, no fim do dia, de braços abertos.

a) O braço direito de Manoela está apontando para qual direção?

☐ Leste ☐ Norte

☐ Oeste ☐ Sul

b) E o braço esquerdo?

☐ Leste ☐ Norte

☐ Oeste ☐ Sul

c) Como você descobriu isso? Converse com o professor e os colegas para conhecer a explicação de cada um.

3 Para onde as crianças estão indo?

Para descobrir, siga as orientações e trace o caminho.

Ande:

- 1 casa para o norte;
- 2 casas para o leste;
- 4 casas para o norte;
- 1 casa para o oeste;
- 2 casas para o norte;
- 6 casas para o leste;
- 4 casas para o sul;
- 1 casa para o oeste;
- 2 casas para o sul;
- 4 casas para o leste;
- 1 casa para o sul.

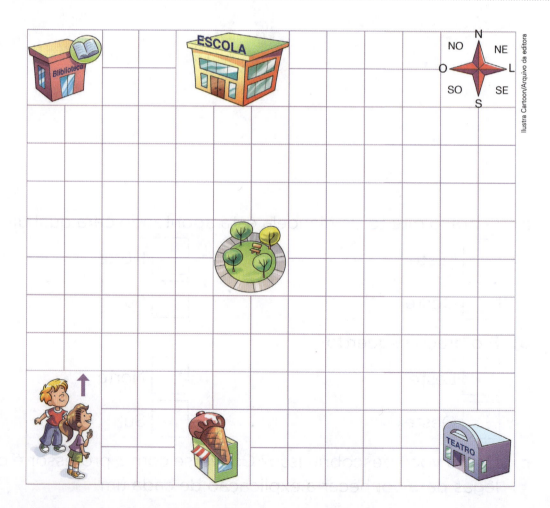

4 Lígia precisa explicar onde fica sua casa para seu amigo Pedro. Para isso, ela elaborou uma planta de parte do bairro onde mora. Ajude Lígia a completar seu desenho com os pontos de referência da legenda. Siga as orientações e utilize os símbolos indicados na legenda.

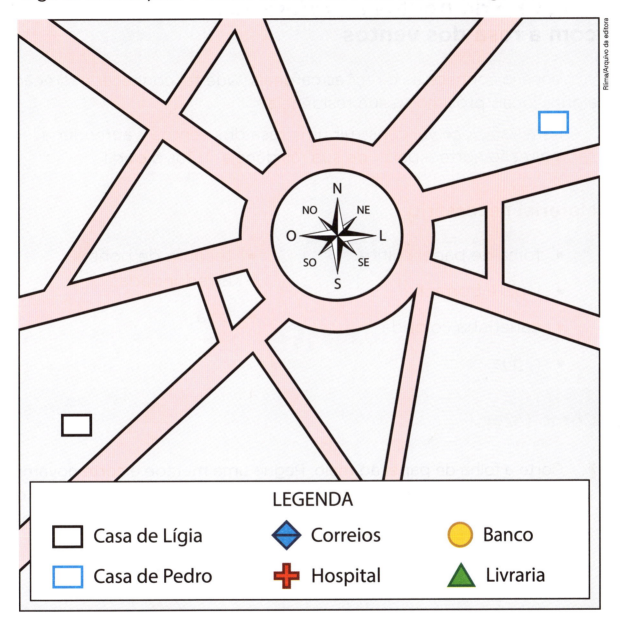

- A nordeste da praça há uma livraria.
- A noroeste da praça há um banco.
- Ao sul da praça há uma agência dos Correios.
- A oeste da praça há um hospital.

5 Faça as atividades das páginas 10 e 11 do **Caderno de mapas**.

VOCÊ EM AÇÃO

Localizando pontos de referência com a rosa dos ventos

Você já conhece as direções cardeais. Que tal conhecer a direção de alguns locais próximos a sua residência?

Para isso, você vai construir uma rosa dos ventos e aprender a localizar a direção norte a partir de sua residência. Mãos à obra!

Material necessário

- folha de papel sulfite
- lápis e borracha
- canetinha colorida
- régua
- tesoura de pontas arredondadas
- cola

Como fazer

1. Corte a folha de papel ao meio. Pegue uma metade e corte novamente ao meio, obtendo dois retângulos. Cole-os de forma a compor uma cruz. Com a canetinha, marque as direções cardeais nas pontas do papel.

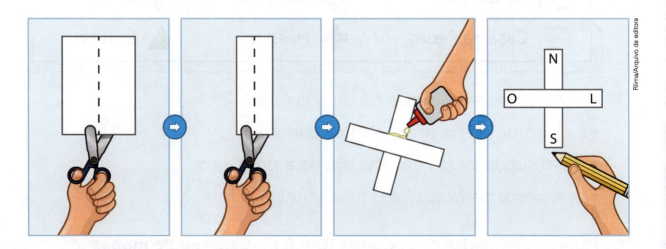

2 Escolha uma área externa próxima a sua residência que receba luz solar o dia todo. Identifique a posição do Sol ao nascer e, utilizando um cabo de vassoura posicionado no chão, indique a posição leste-oeste. Com base nessa posição, oriente sua rosa dos ventos para que ela indique corretamente as direções cardeais.

3 Com o auxílio da rosa dos ventos que você construiu, identifique a direção de alguns pontos de referência próximos a sua residência, como uma praça, um mercado, uma escola, etc. Represente esses pontos no desenho abaixo, na posição correspondente: ao norte, ao sul, a leste ou a oeste de sua residência. Utilize símbolos para representá-los.

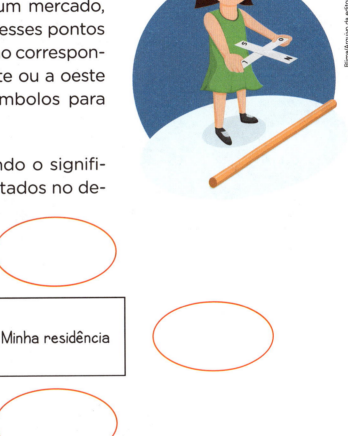

4 Complete a legenda indicando o significado dos símbolos representados no desenho.

Minha residência

LEGENDA

- Agora, responda: Em qual direção você segue quando sai de sua casa para ir à escola? Conte ao professor e aos colegas.

141

UNIDADE 2
AS ATIVIDADES ECONÔMICAS DO MUNICÍPIO

Entre nesta roda

- Que diferenças você observa entre as áreas representadas na ilustração?

- De onde vêm os alimentos que adquirimos no supermercado?

- Um supermercado vende produtos industrializados e não industrializados. Qual é a diferença entre eles?

Nesta Unidade vamos estudar...

- A indústria
- O comércio e os serviços
- O trabalho

3 CONHECENDO O MUNICÍPIO

Observe a imagem a seguir.

Imagem de satélite do município de Barrinha, no estado de São Paulo, 2016.

Geralmente, o município é formado por uma área urbana e uma área rural.

- Na imagem acima, identifique qual é a área urbana e qual é a área rural.

A área urbana do município

Na área urbana, conhecida como **cidade**, há maior concentração de avenidas, ruas, prédios, casas, estabelecimentos comerciais e industriais e outras construções.

● Foto aérea da área urbana de Fortaleza, no estado do Ceará, 2018.

A área rural do município

Na área rural, também conhecida como **campo**, predominam sítios, chácaras, fazendas e áreas de plantações e de florestas.

Ao contrário da área urbana, em geral as construções da área rural ficam distantes umas das outras.

● Foto aérea da área rural de Londrina, no estado do Paraná, 2018.

Atividades

1 As partes de uma cidade podem ter características bem diferentes umas das outras. Observe as fotos.

• Bairro de Boa Viagem, no Recife, no estado de Pernambuco, 2017.

• Bairro no centro de Itabaiana, no estado de Sergipe, 2018.

• Bairro de Arapongas, no estado do Paraná, 2017.

a) No bairro mostrado na foto 1 há:

☐ mais edifícios residenciais.

☐ mais estabelecimentos comerciais.

b) No bairro mostrado na foto 2 há:

☐ mais casas.   ☐ mais estabelecimentos comerciais.

c) Em qual dos três bairros predominam instalações de indústrias?

....

2 Responda às perguntas a seguir.

a) Qual é o nome do município onde você mora? É um município grande ou pequeno?

....

b) No caderno, responda: Você mora na área urbana ou na área rural do município? Explique sua resposta, dando exemplos das características da área onde você mora.

3 Observe as fotos abaixo. Circule a foto que não mostra a área urbana de um município.

● Rio de Janeiro (RJ), 2019.

● Porto Alegre (RS), 2018.

● Brasília (DF), 2016.

● São Paulo (SP), 2016.

● Belo Horizonte (MG), 2017.

● Abdon Batista (SC), 2018.

Áreas de lazer

Nas grandes cidades, há áreas de lazer onde as pessoas podem andar de bicicleta, jogar, fazer caminhadas, entre outras atividades.

Nas áreas rurais, as pessoas podem também se divertir tomando banho de rio ou cachoeira, fazendo trilhas, visitando clubes, andando a cavalo, entre outras atividades.

- Crianças brincam na Cachoeira do Flávio, em São Tomé das Letras, no estado de Minas Gerais, 2019.

Em casa, também é possível ter momentos de diversão. Veja algumas atividades que você pode realizar:

- ler;

- brincar com vizinhos.

Atividade

- Responda às questões abaixo. Depois, comente suas respostas com o professor e os colegas.

    a) Como você e sua família costumam se divertir?

    ....
    ....
    ....

    b) Você pratica ou gostaria de praticar algum esporte? Desenhe-o e escreva o nome dele no caderno.

    c) Na área urbana do município onde você vive, existem áreas de lazer (parques, praças, clubes, centros culturais) para adultos e crianças? Quais atividades você pode praticar nelas?

    ....
    ....
    ....

    d) E na área rural, há espaços de lazer que adultos e crianças podem frequentar? Que atividades podem ser praticadas neles?

    ....
    ....
    ....

    e) Você já foi a alguma festa popular tradicional em seu município? Escreva o que sabe dela.

    ....
    ....
    ....

4 AGRICULTURA, PECUÁRIA E EXTRATIVISMO

Agricultura é a atividade que se relaciona com o cultivo da terra e envolve desde o preparo do solo para a plantação até a colheita.

Os agricultores são aqueles que cultivam a terra, isto é, eles preparam o solo, adubam (colocam no solo produtos para torná-lo mais fértil e produtivo), semeiam, cuidam da plantação, combatem as **pragas** e, por fim, fazem a colheita.

Esses trabalhos feitos pelos agricultores podem ser realizados manualmente ou com o auxílio de ferramentas e máquinas.

As plantas cultivadas são usadas na produção de alimentos, combustíveis e tecidos, entre outros produtos.

pragas: doenças que atacam as plantas

Agricultora espalha adubo em horta orgânica em Indubrasil, no estado do Mato Grosso do Sul, 2018.

Colheita mecanizada em plantação de café, em Santa Mariana, no estado do Paraná, 2018.

Pecuária é a criação de animais para o fornecimento de carne, leite, couro e lã.

Para ter uma boa produção, é preciso cuidar bem dos animais, alimentando-os, vacinando-os contra as doenças que os atacam e mantendo o lugar onde vivem limpo e arejado.

● Rebanho de gado bovino em Pouso Alegre, no estado de Minas Gerais, 2018.

● Criação de galinhas caipiras em Marmelópolis, no estado de Minas Gerais, 2017.

Extrativismo é a atividade em que recursos naturais – de origem vegetal, animal ou mineral – são coletados ou extraídos da natureza.

● Homem coleta juçara, um fruto muito parecido com açaí, em Ubatuba, no estado de São Paulo, 2015.

● Trator extrai calcário em Almirante Tamandaré, no estado do Paraná, 2016.

151

Saiba mais

O uso da água na agricultura

As chuvas nem sempre são suficientes para suprir a umidade necessária para a produção agrícola. A alternativa para os produtores é a irrigação, uma atividade que consome mais de dois terços da água doce utilizada no planeta. Além do alto consumo, não raro provocado pelo mau aproveitamento, que leva ao desperdício, a agricultura afeta drasticamente a qualidade dos solos e dos recursos hídricos. Os agrotóxicos e fertilizantes empregados na agricultura podem ser carregados para os corpos de água, causando a contaminação, tanto da água superficial, quanto subterrânea.

[...]

1. Para reduzir o desperdício de água:

   - diminuir o desperdício de água na produção agrícola e industrial, a partir do controle dos volumes de água utilizados nos processos industriais, da introdução de técnicas de reúso de água e da utilização de equipamentos e métodos de irrigação poupadores de água; [...]

2. Para reduzir a poluição decorrente das atividades agrícolas:

   - reduzir o uso de agrotóxicos e fertilizantes na agricultura; [...]

Água. **Ministério do Meio Ambiente**. Disponível em: <www.mma.gov.br/estruturas/secex_consumo/_arquivos/3%20-%20mcs_agua.pdf>. Acesso em: 29 jan. 2019.

Irrigação de plantação de batata em Águas da Prata, no estado de São Paulo, 2016. Quando não há água suficiente para o plantio, por causa de períodos de seca, por exemplo, os agricultores utilizam a técnica da irrigação, que consiste em utilizar água de reservatórios. Essa técnica, se mal utilizada, pode acarretar o desperdício de água.

Atividades

1 Cite alguns trabalhos realizados pelos agricultores.

....

....

....

2 Observe as fotografias abaixo e identifique a atividade que cada uma delas apresenta.

5 INDÚSTRIA

Indústria é a atividade que transforma alguns produtos em outros, e isso acontece em larga escala, isto é, em grandes quantidades.

O trigo, por exemplo, é um produto natural que, nas fábricas, se transforma em farinha, um produto industrializado.

Veja como isso acontece.

● Os tratores fazem a semeadura do trigo no campo. Após um tempo, colhem-se os grãos, que são transportados por caminhões até os moinhos, onde são moídos e transformados em farinha. Depois de embalada, a farinha de trigo é vendida nos supermercados e utilizada na fabricação de vários alimentos.

Para fabricar a farinha, a indústria utiliza o trigo. O trigo é uma **matéria-prima**.

Matéria-prima é um produto retirado da natureza para ser transformado pela indústria.

Os produtos transformados pela indústria são denominados **produtos industrializados**.

A matéria-prima pode ser de origem:

- animal: a carne, o couro e o leite são exemplos de matéria-prima extraída de animais;

- vegetal: são aquelas procedentes das plantas, como a soja e o milho;

- mineral: o minério de ferro, por exemplo, que é extraído de rochas, é um exemplo de matéria-prima mineral.

Com essas e outras matérias-primas, a indústria fabrica alimentos, roupas, máquinas e outros produtos.

Veja no quadro abaixo algumas matérias-primas e os produtos industrializados feitos com elas.

Matéria-prima	Produtos industrializados		
leite	manteiga	queijo	iogurte
milho	fubá	amido	óleo
cana-de-açúcar	açúcar	rapadura	álcool
algodão	tecido	linha	óleo
frutas	doce	suco	geleia
palmeira	cera	corda	vassoura
minério de ferro	parafusos	portão	panelas

Tipos de indústria

Dependendo do que fabricam, as indústrias podem ser de vários tipos. Conheça alguns a seguir.

Metalúrgica

Tipo de indústria que transforma metais em diferentes produtos, como peças para automóveis.

Indústria metalúrgica em Cambé, no estado do Paraná, 2016.

Alimentícia

Tipo de indústria responsável pelos produtos alimentícios.

Indústria alimentícia em Chapecó, no estado de Santa Catarina, 2017.

Têxtil

Tipo de indústria que produz fios, fibras, tecidos, roupas, entre outros produtos.

Indústria têxtil em Nova Friburgo, no estado do Rio de Janeiro, 2016.

Automobilística

Tipo de indústria que produz veículos como carros, caminhões e ônibus.

Indústria automobilística em Jacareí, no estado de São Paulo, 2015.

Atividades

1 Complete o quadro usando as matérias-primas abaixo.

| leite | trigo | ovo | lã de carneiro | ferro |
| couro | tomate | ouro | milho | algodão |

Matéria-prima		
De origem animal	De origem vegetal	De origem mineral

2 Ligue a matéria-prima ao produto industrializado a que ela deu origem.

Algodão • • Fubá

Cana-de-açúcar • • Vassoura

Frutas • • Macarrão

Leite • • Gasolina

Milho • • Tecido

Palmeira • • Álcool

Petróleo • • Iogurte

Trigo • • Suco

3 Observe as ilustrações abaixo. Em seguida, numere cada frase de acordo com a ilustração correspondente.

| 1 | 2 |
| 3 | 4 |

☐ A cana-de-açúcar foi transportada para a usina.

☐ Com o caldo da cana, foram fabricados vários produtos.

☐ A cana-de-açúcar foi plantada e colhida.

☐ Na usina, a cana-de-açúcar passou em moendas, ou seja, foi moída, e o caldo foi separado do bagaço.

4 Escreva qual é o tipo de indústria que fabrica os produtos abaixo.

a) Ônibus: _____.

b) Placas de ferro: _____.

c) Vestido: _____.

d) Molho de tomate: _____.

e) Caminhão: _____.

f) Tecido: _____.

g) Pão de forma: _____.

6 COMÉRCIO E SERVIÇOS

As pessoas que moram em um determinado lugar não conseguem produzir tudo aquilo de que necessitam para viver; por isso, os produtos de um local são vendidos para outros. O **comércio** refere-se à compra e à venda de produtos.

Por meio do comércio, compramos os produtos de que necessitamos. Esses produtos são comercializados em grandes e pequenos estabelecimentos, como lojas, mercados, feiras e quitandas.

Mercado Municipal de Monte Azul, no estado de Minas Gerais, 2015.

Muita gente trabalha no comércio. As pessoas que trabalham no comércio são chamadas de **comerciários**. Os donos dos estabelecimentos comerciais são os **comerciantes**, e as pessoas que compram os produtos são os **consumidores**. O produto comprado ou vendido é a **mercadoria**.

Além de mercadorias, podemos adquirir **serviços**, como um corte de cabelo, um atendimento médico e a hospedagem em um hotel. Muita gente trabalha na **prestação de serviços**, como professores, porteiros, mecânicos, entre outros.

Cabeleireiro trabalhando em salão de Presidente Prudente, no estado de São Paulo, 2017.

Saiba mais

As feiras livres

"Olha o tomate do bom, freguês!". "Tá barato, tá barato freguês!". Quem é que nunca ouviu essas frases na feira? Além do pastel e do caldo de cana, na feira livre podemos comprar frutas, legumes, verduras, aves, peixes, temperos, entre outros produtos.

As feiras livres são montadas na rua, e os feirantes têm de acordar de madrugada para estar com tudo pronto logo de manhã. Afinal, a feira não pode demorar muito, pois muitos produtos são frescos e podem estragar rápido.

As feiras livres são um importante lugar de comércio dos municípios. A origem delas é bastante antiga. A Feira de Caruaru, no estado de Pernambuco, por exemplo, data do fim do século XVIII e é uma das maiores do Brasil.

Portal da Feira de Caruaru, no estado de Pernambuco, 2015. Em 2006, a feira foi tombada pelo Iphan como Patrimônio Imaterial pela sua importância cultural.

Foto aérea mostra o tamanho da Feira de Caruaru, no estado de Pernambuco, em 2015.

Atividades

1 Leia as frases abaixo.

> Clara trabalha na loja de calçados do senhor Carlos.
> Maya foi à loja e comprou um par de sapatos.

- Agora, escreva o nome:

   a) do comerciário: _____.

   b) do comerciante: _____.

   c) do consumidor: _____.

   d) da mercadoria: _____.

2 Em casa, pesquise o nome dos estabelecimentos comerciais que sua família frequenta.

   a) padaria: _____
   _____.

   b) farmácia: _____
   _____.

   c) açougue: _____
   _____.

   d) supermercado, quitanda ou sacolão: _____
   _____.

   e) papelaria ou livraria: _____
   _____.

162

3 Observe as fotos abaixo e escreva em que tipo de estabelecimento comercial é possível comprar cada produto.

  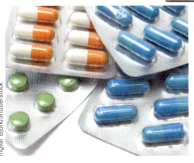

_____   _____   _____

_____   _____

4 Numere corretamente as frases abaixo de acordo com a indicação das atividades.

1	Comércio
2	Indústria
3	Agricultura

☐ Atividade que se relaciona com o cultivo da terra e envolve desde o preparo do solo para a plantação até a colheita.

☐ Atividade que se refere à compra e à venda de produtos.

☐ Atividade que transforma alguns produtos em outros, em larga escala.

7 O TRABALHO NO MUNICÍPIO

A vida em um município depende da participação e do trabalho de todos. Trabalhando, somos úteis a nós mesmos e à comunidade.

As pessoas que trabalham geralmente recebem um salário, isto é, uma quantia em dinheiro que serve para atender às suas necessidades básicas: alimentação, moradia, roupas, educação, serviço médico, lazer.

No Brasil, o salário recebido por muitos trabalhadores não é suficiente para atender a essas necessidades básicas.

Ilustra Cartoon/Arquivo da editora

● Na ilustração acima, é possível ver diversas pessoas trabalhando: o agente de trânsito organizando o trânsito, os garis varrendo a calçada, o carteiro entregando correspondência e o vendedor de frutas.

Na área rural, as pessoas podem ter diversas ocupações, ligadas à agricultura, à pecuária ou ao extrativismo.

Observe as fotos abaixo, que mostram alguns trabalhadores da área rural.

● Boiadeiro conduz gado em Corumbá, no estado do Mato Grosso do Sul, 2018.

● Agricultor dirige trator em plantação de alfaces em Sapucaia, no estado do Rio de Janeiro, 2018.

● Agricultora corta folhas de sisal em Santaluz, no estado da Bahia, 2015.

● Homens trabalham na extração de calcário em Santana do Cariri, no estado do Ceará, 2017.

Na área urbana de um município, as pessoas trabalham na indústria, no comércio, na prestação de serviços, entre outras atividades.

Carteiro em Palmeiras, no estado da Bahia, 2014.

Garis em Aracaju, no estado de Sergipe, 2018.

Pessoas trabalhando em escritório de Porto Seguro, no estado da Bahia, 2018.

Bombeiro corta árvore em São Paulo, no estado de São Paulo, 2019.

Saiba mais

Profissões curiosas

Provador de ração de animais de estimação

As rações e os biscoitos de cães e gatos precisam ser testados por profissionais **capacitados**, responsáveis por garantir a qualidade, o valor nutricional e o sabor dos alimentos. [...]

capacitados: aptos, preparados.

18 profissões mais inusitadas do mundo, de Julia di Spagna. Disponível em: <https://forbes.uol.com.br/fotos/2017/11/18-profissoes-mais-inusitadas-do-mundo>. Acesso em: 25 jan. 2019.

Atividade

- No quadro abaixo, escreva as funções de cada profissão.

Agricultor	
Bancário	
Carteiro	
Mecânico	
Médico	
Motorista	
Policial	
Professor	
Veterinário	

Os serviços públicos

Todos nós pagamos **impostos** e tarifas ao governo do município, do estado e do país. Com o dinheiro recebido, os governos pagam os **serviços públicos**.

Os principais serviços públicos mantidos pela prefeitura são:

- limpeza pública;
- escolas, creches, museus, bibliotecas, parques;
- hospitais, prontos-socorros, postos de saúde;
- transporte coletivo;
- calçamento, iluminação e arborização de ruas, praças e avenidas;
- áreas de lazer, jardins zoológicos e praças públicas.

impostos: valores que o Estado exige das pessoas e das empresas.

Coleta de lixo em Fortaleza, no estado do Ceará, 2018.

Brinquedos instalados na praça central de Frederico Westphalen, no estado do Rio Grande do Sul, 2018.

Crianças em biblioteca pública de São Paulo, no estado de São Paulo, 2015.

A população com acesso a serviços públicos de qualidade tem melhores condições de vida. Pagando os impostos e as taxas, empresas e pessoas estariam colaborando para o bem-estar da comunidade e para o desenvolvimento do país, mas nem sempre é isso o que acontece.

Por isso, as pessoas devem ficar atentas para o uso que é feito do dinheiro dos impostos que pagam. É preciso exigir sempre que os governantes usem o dinheiro dos impostos de maneira honesta e adequada.

Atualmente, muitos serviços públicos são prestados por empresas particulares.

Funcionários de empresa particular fazem manutenção em rede elétrica em Caldas Novas, no estado de Goiás, 2015.

Saiba mais

Quem é o servidor público?

As escolas e hospitais públicos, delegacias de polícia e bibliotecas públicas oferecem serviços grátis. Podemos frequentar esses locais e fazer uso de seus serviços porque nossos pais pagam impostos ao governo. Esses serviços, chamados "públicos", pertencem a todos nós, cidadãos. E quem presta esses trabalhos – os médicos, professores, advogados, bibliotecários e técnicos, entre outros funcionários – são pessoas muito importantes para o bem-estar da comunidade, que nos ajudam muito e, por isso, merecem todo o respeito e gratidão da população. [...]

Na verdade, até o presidente da República é um servidor público. Ou seja, todos aqueles que recebem o salário dos cofres "públicos" (onde fica o dinheiro dos impostos dos cidadãos) e ajudam o governo a atuar com a população são servidores. Quem dita essas regras é a **Constituição** de 1988. [...]

Constituição: principal conjunto de normas de um país que determinam os direitos e os deveres dos cidadãos e do Estado.

Plenarinho: o jeito criança de ser cidadão. Disponível em: <http://plenarinho.camara.gov.br/noticias/reportagem-especial/conheca-o-servidor-do-cidadao/?searchterm=servidor%20p%C3%BAblico>. Acesso em: 21 jan. 2019.

Atividades

1 Converse com seus familiares ou responsáveis para responder às perguntas a seguir.

a) Quais são os principais tipos de serviço público que existem no município onde vocês moram?

b) Todos esses serviços públicos estão presentes no bairro onde vocês moram? Por quê?

c) Qual é o serviço público de que sua família sente mais falta no bairro? Por quê?

d) Quais impostos sua família paga?

2 Agora que você já sabe mais do trabalho no município, faça uma entrevista com uma pessoa que mora com você.

a) Qual é sua profissão?

....

b) Por que você escolheu essa profissão?

....

....

c) A escolha do bairro ou do município onde você mora foi feita por causa do seu trabalho ou de alguém da família? Se sim, explique.

....

....

d) De que forma é feito o pagamento pelo trabalho: por dia, por semana, por mês ou de outra forma?

....

....

e) Você considera o salário que recebe satisfatório? Por quê?

....

....

3 Agora é hora de construir o gráfico das profissões dos familiares da turma.

a) O professor vai fazer na lousa uma lista das profissões dos familiares da turma.

b) Depois, em grupo, vocês vão construir dois gráficos: um com as cinco profissões mais citadas e outro com as cinco profissões menos citadas. Sigam as orientações do professor.

4 Faça a atividade *Interligado* da página 7 do **Caderno de criatividade e alegria**.

A coleta e o tratamento do lixo

Quando compramos equipamentos eletrônicos, brinquedos, alimentos e cosméticos, também estamos consumindo as embalagens desses produtos.

- O que você faz com as embalagens dos produtos que compra?
- Você costuma reaproveitar as embalagens dos produtos, como caixas de papelão e sacolas plásticas, para guardar ou transportar outros objetos? De que modo?

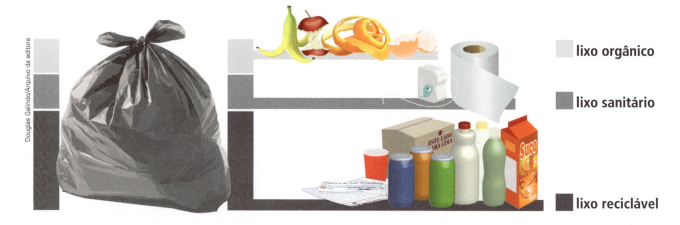

- Na sua casa, como o lixo é separado?
- O que podemos fazer para diminuir o volume de lixo?

Trabalhadores separam o lixo reciclável em central de triagem de São Paulo, no estado de São Paulo, 2016.

Princípio dos 3R's

Um caminho para a solução dos problemas relacionados com o lixo é apontado pelo princípio dos 3R's – reduzir, reutilizar e reciclar. [...]

- Reduzir significa consumir menos produtos e preferir aqueles que ofereçam menor potencial de geração de resíduos e tenham maior durabilidade.

- Reutilizar é, por exemplo, usar novamente as embalagens. Exemplo: os potes plásticos de sorvetes servem para guardar alimentos ou outros materiais.

- Reciclar envolve a transformação dos materiais para a produção de matéria-prima para outros produtos [...]. É fabricar um produto a partir de um material usado. [...]

Ministério do Meio Ambiente. Princípio dos 3R's. Disponível em: <www.mma.gov.br/responsabilidade-socioambiental/producao-e-consumo-sustentavel/consumo-consciente-de-embalagem/principio-dos-3rs.html>. Acesso em: 22 jan. 2019.

- Você e sua família praticam algum dos 3Rs no dia a dia? Compartilhe sua experiência com os colegas.

- Como é a coleta de lixo no município onde você vive? O lixo reciclável é recolhido?

- Na sua residência, o lixo reciclável é separado do lixo orgânico? Como vocês encaminham cada tipo de lixo?

Lixeiras de coleta seletiva no Parque Municipal do Itiquira em Formosa, no estado de Goiás, 2017.

VOCÊ EM AÇÃO

Produzindo objetos com material reciclável

Que tal produzir objetos com material reciclável? Mãos à obra!

Porta-lápis
Material necessário

- lata de alimento em conserva, de achocolatado ou de alumínio
- papel decorado de 35 cm × 20 cm (aproximadamente)
- cola branca
- tesoura de pontas arrendondadas

Como fazer

1. Com a ajuda do professor, meça o tamanho do papel necessário para cobrir toda a lateral da lata e corte.

2. Cole o papel decorado em volta de toda a lata.

3. Espere secar. Seu porta-lápis está pronto.

Ilustrações: Ilustra Cartoon/Arquivo da editora

Vaso
Material necessário

- caixa de leite ou de suco (limpa e seca)
- cola branca e pincel
- fita de cetim de cores variadas ou tiras de papel colorido
- terra e uma muda de planta
- tesoura de pontas arredondadas
- jornal ou plástico para forrar a carteira

Como fazer

1. Forre a carteira para não sujar. Depois, com a ajuda do professor, corte a caixa de leite ou de suco ao meio.

2. Em um copo, dilua a cola branca com um pouco de água. Com o pincel, passe uma camada na caixa e vá colando as fitas de cetim ou as tiras de papel colorido.

3. Quando a cola estiver seca, coloque a terra dentro do vaso. Depois, plante a muda que você trouxe. Seu vaso está pronto.

UNIDADE 3

A PAISAGEM

Entre nesta roda

- Observe a imagem. Você identifica interferências da ação do ser humano nela? Quais?

- Você conhece lugares como o retratado na cena?

- O lugar onde você vive é parecido com esse? Quais são as semelhanças e as diferenças?

Nesta Unidade vamos estudar...

- Os elementos das paisagens
- Os tipos de relevo
- A hidrografia e a importância da água
- Os tipos de clima e vegetação

8 OS ELEMENTOS DA PAISAGEM

Em uma paisagem podemos observar diversos elementos, que podem ser **naturais** – como rios, montanhas, florestas – ou **construídos pelo ser humano** – como casas, estradas e plantações.

Observe a paisagem retratada na foto abaixo.

Praia da Costa, em Vila Velha, no estado do Espírito Santo, 2018.

- Que elementos naturais você identifica na imagem? Há elementos construídos pelos seres humanos?

Agora, observe as fotos abaixo. Você identifica alguma interferência humana nessas paisagens?

● Praia do Espelho, em Porto Seguro, no estado da Bahia, 2017.

● Rio Carabinani e Floresta Amazônica, no Parque Nacional do Jaú, em Novo Airão, no estado do Amazonas, 2019.

Ao descrevermos as imagens acima, podemos mencionar o mar, a praia, o céu, o costão e a vegetação na primeira foto, e o rio e a floresta na segunda foto como os principais elementos dessas paisagens, sem nenhuma interferência humana. Por isso são classificadas como **paisagens naturais**.

A ação do ser humano e a paisagem

Observe tudo o que está ao seu redor. O que foi feito pelo ser humano? O que não foi feito por ele?

O ser humano modifica as paisagens:

- plantando alimentos;
- abrindo túneis;

● Cultivo de hortaliças em Ibiúna, no estado de São Paulo, 2018.

● Túnel na rodovia dos Imigrantes, em Cubatão, no estado de São Paulo, 2018.

- abrindo estradas;
- extraindo minérios;

● Estrada na Floresta Amazônica, em Cantá, no estado de Roraima, 2019.

● Extração de minério de ferro em Nova Lima, no estado de Minas Gerais, 2015.

- construindo pontes e viadutos;

→ Ponte João Isidoro França, em Teresina, no estado do Piauí, 2019.

- construindo barragens e represas;

→ Represa e barragem em Sobradinho, no estado da Bahia, 2018.

- construindo edifícios;

→ Edifícios na praia Central de Camboriú, no estado de Santa Catarina, 2018.

- **canalizando** a água dos rios.

→ Canal em Caxambu, no estado de Minas Gerais, 2016.

canalizando: fazendo a água passar por canais ou valas.

A ação da natureza e a paisagem

Além do ser humano, a ação da natureza também provoca mudanças nas paisagens. Podemos perceber isso quando observamos alguns lugares em épocas diferentes do ano, por exemplo. Observe as fotos.

● Vista das montanhas Gurghiu, na Romênia, em 2016. À esquerda, no verão e, à direita, no inverno.

A ação do vento e da água também provoca alterações nas paisagens. No entanto, não podemos perceber grande parte dessas alterações porque elas geralmente ocorrem lentamente, ao longo de milhões de anos. Observe dois exemplos nas fotos a seguir.

● Falésias de Beberibe, no estado do Ceará, 2018. A água do mar vem desgastando as rochas e o solo de alguns trechos do litoral brasileiro, mudando a paisagem lentamente.

● Rochas no Parque Nacional do Monte Roraima, em Uiramutã, no estado de Roraima, 2017. O vento esculpiu essas rochas, dando novas formas a elas.

Atividades

1 Observe a paisagem retratada e depois converse sobre ela com os colegas e o professor.

● Paisagem da cascata do Caracol, localizada no Parque Estadual do Caracol, em Canela, no estado do Rio Grande do Sul, 2019.

• Após a conversa, responda às perguntas.

a) O que você observa na paisagem retratada?

....

....

b) Nessa paisagem predominam elementos naturais ou construídos pelo ser humano?

....

....

c) É possível perceber alguma interferência humana na paisagem? Por quê?

....

....

....

2 Observe na ilustração abaixo algumas modificações feitas pelo ser humano na paisagem.

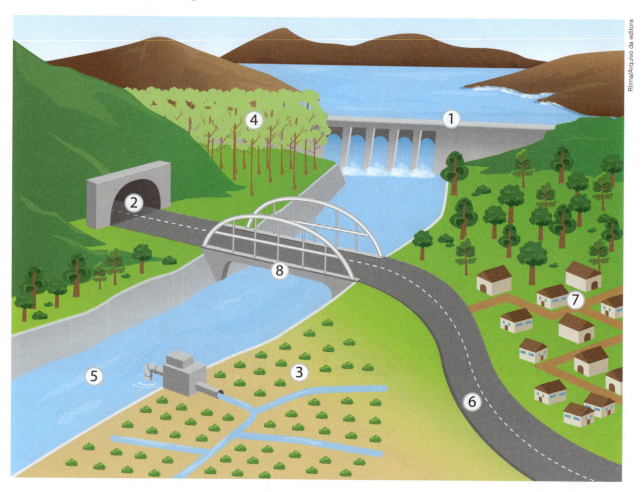

a) Agora, observe os números que indicam as modificações e escreva, ao lado deles, o que foi feito em cada caso.

❶ ....

❷ ....

❸ ....

❹ ....

❺ ....

❻ ....

❼ ....

❽ ....

b) Na sua opinião, por que o ser humano faz modificações na paisagem como as representadas na ilustração da página anterior? Escolha uma delas e explique.

_____
_____
_____
_____

c) Você já observou uma mudança feita pelo ser humano na paisagem que tenha sido prejudicial ao ambiente e às pessoas? Se observou, escreva abaixo qual foi a mudança.

_____
_____

3 Selecione uma imagem de jornal, revista ou da internet que retrate uma modificação da paisagem causada pelo ser humano. Procure algo diferente do que foi apresentado na ilustração da página anterior. Cole a imagem abaixo e crie uma legenda para ela.

_____
_____

4. Observe como uma paisagem foi representada e leia a legenda.

a) A paisagem representada é urbana ou rural?

．．．

b) Dos elementos desenhados, quais representam modificações na paisagem feitas pelo ser humano? Quais não representam?

．．．

．．．

c) A legenda ajuda a entender a representação? Por quê?

．．．

．．．

5 Vamos fazer uma representação dos arredores da escola?

a) Em uma folha à parte, faça um desenho da região onde se localiza sua escola. Utilize símbolos para representar os elementos construídos pelo ser humano e elementos naturais.

b) Faça uma legenda com os símbolos utilizados. Separe os elementos em duas colunas. Observe:

Legenda	
Elementos construídos pelo ser humano	Elementos da natureza

6 Depois, com base na representação que você elaborou na atividade anterior, converse com os colegas e o professor sobre as seguintes questões:

a) Quais modificações na paisagem causadas pelo ser humano trouxeram benefícios para as pessoas ou para o ambiente? Por quê?

b) Quais pioraram a qualidade de vida das pessoas? Por quê?

c) Na sua opinião, quais modificações você faria nos arredores da escola para melhorar a vida das pessoas que vivem e circulam pela região?

Ao final da conversa, desenhe, junto com um colega, em uma folha à parte, as mudanças que vocês fariam para melhorar a região onde fica a escola. Utilizem uma legenda para facilitar a leitura do desenho.

7 Faça as atividades das páginas 8 e 9 do **Caderno de mapas**.

O TEMA É...

Poluição visual e a saúde da população urbana

Você já ouviu falar em poluição visual?

Observe as fotos abaixo.

Avenida no centro de Goiânia, no estado de Goiás, em 2018.

Rua no Rio de Janeiro, no estado do Rio de Janeiro, em 2016.

- Você considera que as paisagens retratadas nas imagens estão poluídas? Por quê?

- Você conhece paisagens que considera visualmente poluídas? Que elementos nessas paisagens causam poluição visual?

Uma paisagem pode ser considerada visualmente poluída quando há um grande número de anúncios, placas, faixas e outros elementos colocados de forma desordenada. A poluição visual causa desconforto e mal-estar nas pessoas que vivem e circulam por esses locais, além de esconder a arquitetura original da cidade.

Poluição visual: que mal isso faz?

O excesso de letreiros, fotografias, *banners* que são colocados em *outdoors*, faixas, cartazes, placas, avisos, murais, panfletos, entre outros, são responsáveis pelo cansaço visual, chegam a provocar dor de cabeça, irritação, estresse, sonolência, inquietação, cansaço e até distração nas ruas e avenidas, sendo muitas vezes, essa distração, responsável por acidentes graves envolvendo veículos automotores, pedestres, motoristas e passageiros.

Poluição visual: que mal isso faz?, de José Ednaldo Feitoza da Silva e Ivan Coelho Dantas. **UEPB**. Disponível em: <http://sites.uepb.edu.br/biofar/download/v2n2-2008/06-poluicao_visual.pdf>. Acesso em: 21 jan. 2019.

- Como resolver o problema da poluição visual?

Alguns municípios brasileiros criaram leis que proíbem o uso de *outdoors* e faixas para fazer propagandas e que estabelecem regras para o uso de letreiros nas fachadas dos estabelecimentos comerciais, definindo um tamanho para eles, de acordo com o tamanho da fachada, por exemplo. Observe um exemplo.

leis: regras que organizam a sociedade, definindo o que é e o que não é permitido fazer.

🟡 Rua na cidade de São Paulo, no estado de São Paulo: à esquerda, com *outdoors* (em 2005) e, à direita, sem *outdoors* (em 2019).

- Com base na observação das imagens acima, em sua opinião, a solução para resolver o problema da poluição visual foi eficiente?

9 O RELEVO

A superfície terrestre é a parte do planeta onde vivemos.

Você já reparou que essa superfície é irregular, ou seja, existem lugares altos e baixos, áreas planas e outras onduladas? Às vezes há uma leve subida, outras vezes há uma descida bem acentuada.

Isso acontece porque a superfície do planeta vem sendo desgastada e modificada ao longo dos anos pelo vento, pela água da chuva, dos rios e mares, pelo calor do Sol e também pelo próprio ser humano.

A essas diferenças na forma da superfície da Terra damos o nome de **relevo**.

Observe algumas formas do relevo nas fotos a seguir.

Planície Amazônica em São Sebastião do Uatumã, no estado do Amazonas, 2018.

Planície

Terreno plano, ou com pequenas ondulações, de grande extensão, geralmente mais baixo do que as terras ao seu redor.

Montanhas

Grande elevação do terreno, que se destaca do seu entorno. Um conjunto de montanhas é denominado **cordilheira**.

- Montanha Annapurna, umas das mais altas da cordilheira do Himalaia. Nepal, 2016.

Morro

Elevação de pequeno ou médio porte do terreno. Um conjunto de morros forma uma **serra**.

- Serra da Mantiqueira em Camanducaia, no estado de Minas Gerais, 2018.

Vale

Forma da superfície terrestre modelada por rios ou riachos, geralmente entre morros ou montanhas.

- Vale do rio Preto no Parque Nacional da Chapada dos Veadeiros, em Alto Paraíso, no estado de Goiás, 2016.

Chapada

Forma de relevo elevada cujo topo é relativamente plano e as laterais, inclinadas, às vezes bastante íngremes. Do topo é possível ter uma vista ampla da região em que está localizada.

● Vista geral das chapadas no Parque Nacional da Chapada Diamantina, em Palmeiras, no estado da Bahia, 2016.

Agora, observe nas fotos abaixo as formas de relevo presentes nessas paisagens e como o ser humano vem ocupando essas áreas.

● Foto aérea de Marmelópolis, no estado de Minas Gerais, 2017. A área urbana desse município está localizada em um vale.

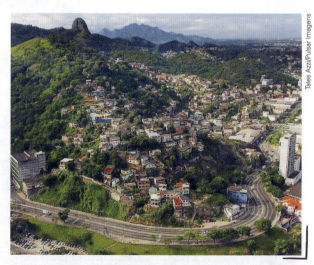

● Foto aérea de Vitória, no estado do Espírito Santo, 2018. Nesse município, devido ao crescimento da população urbana, além da planície litorânea, as áreas nos morros também vêm sendo ocupadas por moradias.

Atividades

1 Descubra no diagrama abaixo o nome das seguintes formas de relevo:

1. Terreno plano ou com pequenas ondulações, geralmente mais baixo do que as terras ao seu redor.
2. Conjunto de morros.
3. Grande elevação do terreno, com topo plano.
4. Conjunto de montanhas.
5. Forma de relevo encontrada entre morros e montanhas.

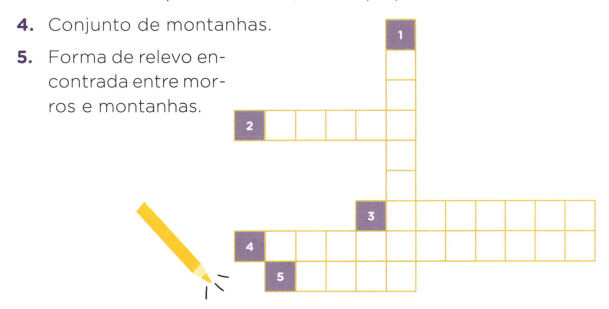

2 Desenhe abaixo uma das formas de relevo que você estudou. Depois, escreva o nome dela.

10 OS RIOS

Observe a Terra vista do espaço. Até parece o planeta água, não é?

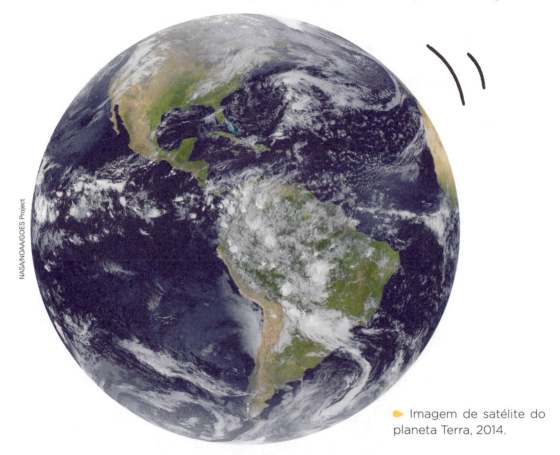

Imagem de satélite do planeta Terra, 2014.

A maior parte da superfície terrestre é coberta por água. Porém, grande parte dessa água está em oceanos e mares e não é própria para o consumo do ser humano porque é salgada.

A água utilizada para nosso consumo vem dos rios, dos lagos e do subsolo. No Brasil, a água doce que utilizamos vem, principalmente, de rios e lagos.

Rio é uma corrente de água natural que segue em direção ao mar, a um lago ou a outro rio.

Lago é uma porção de água cercada de terra. Os lagos pequenos são chamados de **lagoas**.

Observe com atenção a ilustração da página seguinte, que mostra um rio e suas partes.

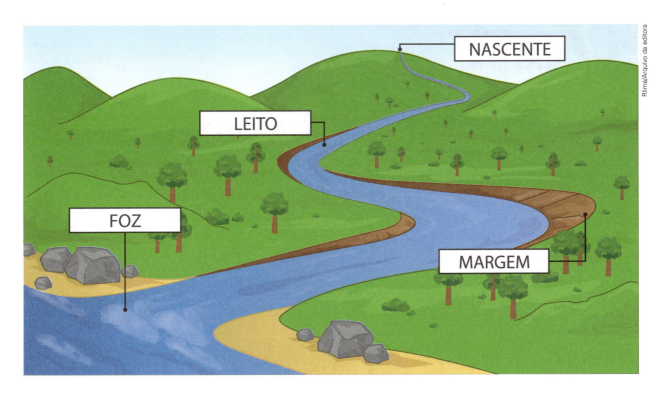

As partes de um rio

Um rio que despeja suas águas em outro rio é chamado **afluente**. Os cursos de água também podem ser chamados riacho, córrego ou ribeirão, quando são menores que um rio.

Quando um rio percorre um terreno com desníveis, formam-se quedas-d'água, que também podem ser chamadas de cascatas ou cachoeiras. Formam-se cataratas quando o volume do rio e o desnível no terreno são muito grandes. Uma das cataratas mais famosas do mundo são as Cataratas do Iguaçu, localizadas na **fronteira** do Brasil com a Argentina.

fronteira: área próxima ao limite entre países.

👉 Turistas visitam as cataratas do Iguaçu, na fronteira entre Brasil e Argentina, em 2018. Atração mundial, essa catarata é considerada uma das sete maravilhas mundiais da natureza.

Atividade

EXPLORE A PÁGINA + E DIVIRTA-SE!

- Observe o mapa abaixo. Depois, responda às questões.

Elaborado com base em **Atlas geográfico escolar**. 7. ed. Rio de Janeiro: IBGE, 2016. p. 105.

a) O que o mapa está representando? Como você identificou isso?

....

....

....

b) Os rios estão representados no mapa com linhas azuis. O que representam as áreas pintadas de azul?

c) Que oceano banha o território do Brasil?

d) Cite o nome das lagoas brasileiras representadas no mapa.

e) Cite o nome de três rios representados no mapa. Depois, procure descobrir, apenas observando o mapa e com a ajuda do professor, onde é a nascente e a foz desses rios. Circule cada uma no mapa, utilizando cores diferentes.

f) Esses rios deságuam no mar, em um rio ou em um lago?

g) Em qual estado brasileiro você mora? Ele é banhado pelo oceano?

h) Existe algum rio ou lago na região onde você mora? Qual é o nome dele?

A importância dos rios

Os rios são muito importantes para nós, porque fornecem a água necessária para nossa vida.

Usamos essa água de várias maneiras: para cozinhar, fazer a higiene pessoal, limpar a casa e obter alimentos, como os peixes. A água dos rios também é aproveitada para a navegação, permitindo o transporte de pessoas e cargas.

Essas águas também servem para irrigação, isto é, para molhar o solo nas áreas cultivadas, principalmente nas regiões onde chove pouco, além de serem usadas na produção de energia elétrica nas **usinas hidrelétricas**.

Observe nas fotos abaixo como a água do rio está sendo utilizada em cada situação.

usinas hidrelétricas: construções com equipamentos que utilizam a força da água para gerar energia elétrica.

● Barco turístico navegando no rio Madeira, em Porto Velho, estado de Rondônia, 2016.

● Irrigação de plantação de hortaliças em Tatuí, no estado de São Paulo, 2018.

● Usina Hidrelétrica de Itá, localizada no rio Uruguai, em Itá, no estado de Santa Catarina, 2016.

Como a água chega à sua casa?

A água que usamos em nossa casa geralmente vem de rios e lagos. Ela é retirada por meio de **bombas**.

> **bombas:** máquinas usadas para extrair água de um local e levar para outro, por meio de canos.

Através de canos, a água é levada até a **estação de tratamento**, onde passa por filtros que eliminam a sujeira. Depois, ela é desinfectada, com a utilização de produtos como o cloro, que mata bactérias e outros organismos invisíveis a olho nu e que podem causar inúmeras doenças. Em seguida, a água é levada para reservatórios e daí é distribuída para as residências. Observe a ilustração a seguir.

Elaborado com base em **Brasil, Ministério do Meio Ambiente**. Água. Disponível em: <www.mma.gov.br/estruturas/secex_consumo/_arquivos/3%20-%20mcs_agua.pdf>. Acesso em: 11 mar. 2019.

Mesmo sendo tratada, quando a água chega à torneira de uma casa, ela ainda contém impurezas, que vêm das caixas-d'água e dos encanamentos. Por isso, é preciso filtrar ou ferver a água antes de bebê-la.

Atividades

1 Pesquise e responda sobre os assuntos a seguir, referentes à água e à comunidade.

1º tema: A ÁGUA NA MINHA COMUNIDADE

a) Qual é o nome do principal rio que passa pelo bairro ou pelo município onde você mora?

....

b) Qual é a importância desse rio para a população? Assinale:

☐ pesca ☐ abastecimento de água

☐ navegação ☐ irrigação

☐ produção de energia elétrica ☐ outros ....

☐ lazer

c) Esse rio costuma ter peixes? Se a resposta for afirmativa, quais são os tipos de peixe mais comuns?

....
....

d) As águas desse rio são:

☐ limpas. ☐ poluídas.

e) Se as águas desse rio forem poluídas, o que gerou essa situação?

....
....
....

2º tema: COMO A ÁGUA CHEGA ATÉ AS RESIDÊNCIAS NA MINHA COMUNIDADE

a) De onde vem a água que chega à sua casa?

....
....

b) Essa água é tratada para que se torne adequada ao consumo antes de ser distribuída para a população? Se for tratada, quem faz o tratamento?

....
....

c) Onde a água que chega à sua casa é armazenada?

....
....

d) As pessoas da sua casa costumam filtrar ou ferver a água para beber? Por quê?

....
....
....

e) Na sua opinião, é importante utilizar a água sem desperdiçar? Por quê?

....
....
....

f) A água é utilizada sem desperdício na sua casa? E no bairro onde você mora?

....
....
....

2 Apesar de o planeta Terra possuir grandes reservas de água, há previsões de que ela possa faltar em algumas regiões no futuro. Por isso, é preciso usá-la sem desperdiçar. Observe as ilustrações a seguir e assinale aquela em que a água está sendo utilizada sem desperdício.

☐  ☐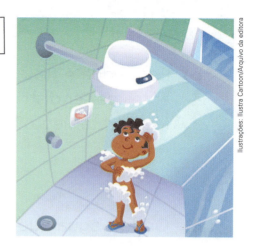

☐  ☐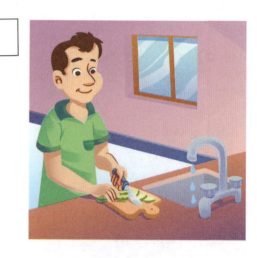

3 Faça uma campanha na escola para estimular a economia de água. Reúna-se com alguns colegas e, seguindo as orientações abaixo, mãos à obra!

a) Façam, em uma folha à parte, uma lista dos maus hábitos que podem aumentar o consumo de água, em casa ou na escola.

b) Criem cartazes ilustrados apontando maus hábitos e sugerindo atitudes corretas.

c) Elaborem um título para os trabalhos e afixem os cartazes em locais de grande circulação de pessoas na escola.

4 Que tal retratar a paisagem de um lugar do município onde você vive (ou que você tenha visitado), com lago, rio ou mar? Procure destacar o que chamou a sua atenção. Pode ser de qualquer lugar do Brasil ou do mundo.

a) Mostre seu trabalho aos colegas e observe as paisagens retratadas por eles.

b) Escolha a que mais lhe chamou a atenção. Explique o porquê.

11 O TEMPO ATMOSFÉRICO E O CLIMA

O **tempo atmosférico** pode variar de um dia para o outro ou de uma hora para outra. O frio, o calor, o vento e a chuva determinam as condições do tempo atmosférico de um lugar em certo momento.

O conjunto das características que o tempo atmosférico de determinado lugar apresenta ao longo dos anos é chamado **clima**. As características do clima dependem principalmente da variação da temperatura e da quantidade de chuva do lugar.

O clima de uma região pode apresentar variação de acordo com as **estações do ano**: primavera, verão, outono e inverno.

No verão, geralmente, as temperaturas são mais elevadas, e no inverno, mais baixas. Mas há alguns locais no Brasil, por exemplo, onde faz calor o ano inteiro, e há outros onde, em determinadas épocas do ano, faz muito frio.

Existem também locais em que chove regularmente o ano todo, enquanto algumas regiões do Brasil podem ficar sem chuva durante anos.

A observação do tempo atmosférico

O ser humano observa as variações do tempo atmosférico desde períodos remotos. Alguns registros de chuvas, furacões e secas são muito antigos. Ainda hoje esse tipo de observação direta é importante para a previsão do tempo.

Atualmente, existem equipamentos que auxiliam a **previsão do tempo**. Eles se localizam na superfície terrestre, como os equipamentos das estações meteorológicas, e nas altas camadas da atmosfera, como os satélites. Veja alguns exemplos na ilustração a seguir.

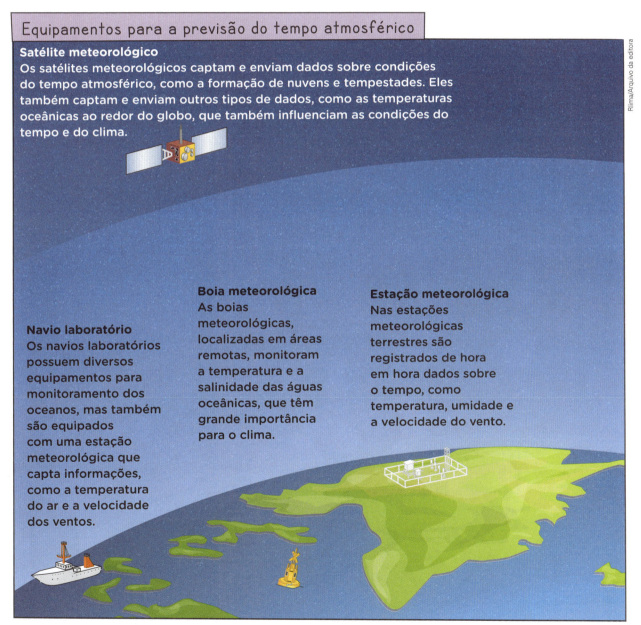

Equipamentos para a previsão do tempo atmosférico

Satélite meteorológico
Os satélites meteorológicos captam e enviam dados sobre condições do tempo atmosférico, como a formação de nuvens e tempestades. Eles também captam e enviam outros tipos de dados, como as temperaturas oceânicas ao redor do globo, que também influenciam as condições do tempo e do clima.

Navio laboratório
Os navios laboratórios possuem diversos equipamentos para monitoramento dos oceanos, mas também são equipados com uma estação meteorológica que capta informações, como a temperatura do ar e a velocidade dos ventos.

Boia meteorológica
As boias meteorológicas, localizadas em áreas remotas, monitoram a temperatura e a salinidade das águas oceânicas, que têm grande importância para o clima.

Estação meteorológica
Nas estações meteorológicas terrestres são registrados de hora em hora dados sobre o tempo, como temperatura, umidade e a velocidade do vento.

Elaborado com base em **Revista Fapesp**. Disponível em: <http://revistapesquisa.fapesp.br/2012/08/10/boias-ao-mar/068-071_boias_198-info/>. Acesso em: 12 mar. 2019.

Saiba mais

A meteorologia e a sua importância

[...] A meteorologia é o campo da ciência que estuda os fenômenos atmosféricos, com análises feitas diariamente para cada região específica. Os cientistas que estudam meteorologia são os meteorologistas. Usando diversas ferramentas de análise, eles são capazes de prever se vai chover ou nevar, ou se fará calor ou frio em um certo lugar.

[...] Essas previsões são extremamente importantes para muita gente. Elas podem dizer, por exemplo, quando um furacão vai se formar, permitindo que a população da região que será atingida se prepare para a tempestade. A previsão do tempo também é essencial para os agricultores e para pessoas que trabalham em agências de controle da qualidade do ar e nos setores marítimo, de aviação e de energia.

Meteorologia. **Britannica Escola**. Disponível em: <https://escola.britannica.com.br/levels/fundamental/article/meteorologia/483008>. Acesso em: 21 jan. 2019.

Meteorologistas na sala de controle do Centro de Previsão de Tempo e Estudos Climáticos (CPTEC) do Instituto Nacional de Pesquisas Espaciais (Inpe), em Cachoeira Paulista, no estado de São Paulo, 2014.

Atividades

1 Com os colegas e o professor, vá até o pátio da escola e observe como está o tempo atmosférico. Depois assinale:

☐ faz frio ☐ faz sol

☐ faz calor ☐ chove

☐ venta ☐ está nublado

☐ há nuvens no céu ☐ outros: ....

2 Faça um desenho representando como está o tempo atmosférico hoje.

3 Observe durante uma semana como está o tempo atmosférico no lugar onde você mora. Utilizando os símbolos abaixo, complete o quadro de acordo com suas observações.

Ensolarado Chuvoso Nublado Ventando Quente Frio Ameno

Dia da semana	Características do tempo atmosférico
Segunda-feira ___/___/_____	
Terça-feira ___/___/_____	
Quarta-feira ___/___/_____	
Quinta-feira ___/___/_____	
Sexta-feira ___/___/_____	
Sábado ___/___/_____	
Domingo ___/___/_____	

4. Agora, com base no quadro da página ao lado, converse com os colegas e o professor sobre as seguintes questões:

   a) Houve muita variação do tempo atmosférico? Ou predominou algum tipo de tempo?
   b) Em que dia fez mais calor? E mais frio?
   c) Em que estação do ano estamos?

5. Descreva, no caderno, as modificações que acontecem no tempo atmosférico ao longo de um ano no lugar onde você vive.

6. O mapa a seguir mostra os principais tipos de clima existentes no Brasil.

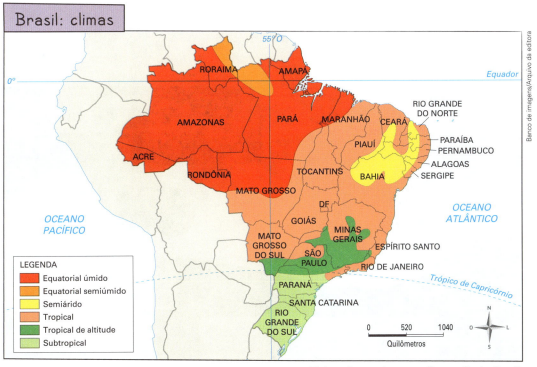

Elaborado com base em **Geografia do Brasil**, organizado por Jurandyr L. Sanches Ross. São Paulo: Edusp, 2009. p. 107.

- Localize no mapa o estado onde você mora e indique o tipo de clima predominante nele.

12 A VEGETAÇÃO

As paisagens apresentam características próprias, em função de vários fatores, entre eles as diferenças do relevo, da hidrografia, do clima e também da vegetação.

O conjunto de plantas que nascem e crescem em um local sem a interferência do ser humano é chamado **vegetação natural**. A vegetação natural que se desenvolve em determinado local depende principalmente do clima, do relevo e do solo.

O vento e a água da chuva e dos rios espalham as sementes das plantas, para que elas germinem em locais diferentes de sua origem. Essa ação é fundamental para a manutenção das espécies que compõem a vegetação de um local. Os animais também são agentes importantes nesse processo. Observe a ilustração.

germinem: brotem para dar origem a uma nova planta.

As aves podem levar para muito longe as sementes dos frutos que comem.

As sementes podem grudar no pelo de animais e serem transportadas para longe até que caiam na terra e germinem.

Quando os animais consomem frutas, acabam devolvendo as sementes para a terra por meio das fezes.

Alguns animais, como os esquilos, recolhem e armazenam no solo diversos tipos de sementes.

A gralha-azul é uma ave que enterra as sementes, para comer depois. Algumas brotam antes que ela volte para buscá-las.

A destruição da vegetação

A destruição da vegetação natural pelo ser humano para o desenvolvimento das atividades econômicas (como a agricultura e a pecuária) e das cidades pode acabar com as espécies de animais que dela dependem para se alimentar e se abrigar. Além disso, a retirada da vegetação prejudica os rios e lagos e empobrece o solo, porque ele fica sem proteção, facilitando sua remoção pela água da chuva.

● Foto aérea do limite de área preservada e área desmatada para agropecuária em Canarana, no estado de Mato Grosso, 2018.

● Incêndio na Floresta Amazônica, Apuí, no estado do Amazonas, 2017. As queimadas contribuem para a poluição do ar. Após a destruição da vegetação, a área geralmente é utilizada para a agricultura ou a pecuária.

● Fiscais do Ibama apreendem madeira extraída ilegalmente da Terra Indígena Cachoeira Seca, no estado do Pará, 2018.

A vegetação natural do Brasil

Vamos conhecer os principais tipos de vegetação natural do Brasil.

As florestas

As florestas são formações vegetais em que se destacam as árvores. Elas são, em geral, próximas umas das outras. Conheça a seguir as principais florestas brasileiras.

Floresta Amazônica
É uma das florestas mais importantes do mundo, que ocupa extensa área de municípios dos estados do Pará e do Amazonas. Ela abriga grande variedade de espécies vegetais e animais.

Mata dos Cocais
Mata formada por palmeiras, como o babaçu e a carnaúba, das quais é extraída a matéria-prima para produção de óleo, cera, sabão e fibras, por exemplo. Ocupa principalmente áreas dos estados do Maranhão e do Piauí.

Mata de Araucárias
Mata que predominava nos estados do Rio Grande do Sul, de Santa Catarina e do Paraná, mas que foi em grande parte desmatada para a utilização da madeira.

Mata Atlântica
Vegetação que ocupava extensa área ao longo de quase todo o litoral do Brasil, mas que hoje só é encontrada em pequenas áreas. Assim como a Amazônica, essa floresta também possui grande diversidade de espécies animais e vegetais.

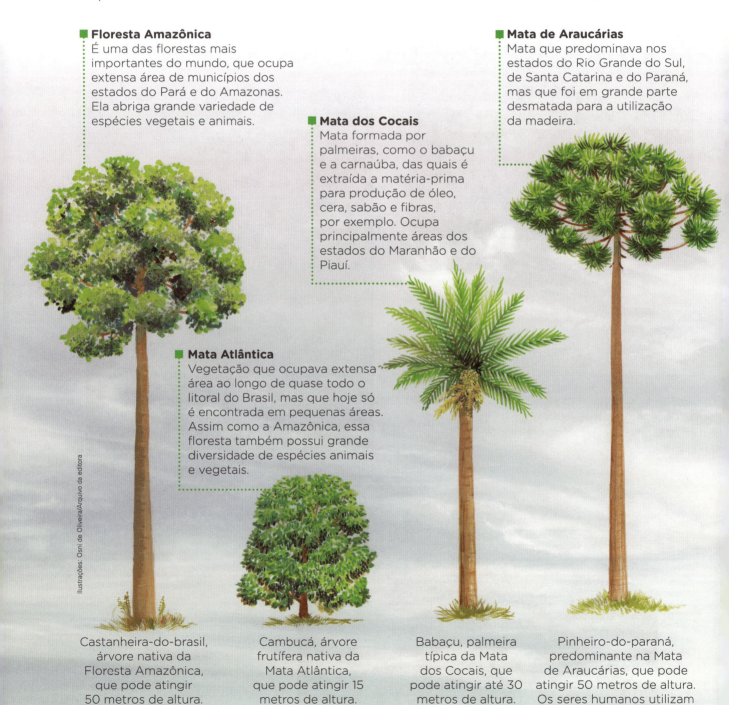

Ilustrações: Osni de Oliveira/Arquivo da editora

Castanheira-do-brasil, árvore nativa da Floresta Amazônica, que pode atingir 50 metros de altura.

Cambucá, árvore frutífera nativa da Mata Atlântica, que pode atingir 15 metros de altura.

Babaçu, palmeira típica da Mata dos Cocais, que pode atingir até 30 metros de altura.

Pinheiro-do-paraná, predominante na Mata de Araucárias, que pode atingir 50 metros de altura. Os seres humanos utilizam sua semente, o pinhão, na alimentação.

Outras formações vegetais

No Brasil existem tipos de vegetação em que as árvores não são as plantas predominantes. São exemplos dessas formações o Cerrado, a Caatinga, os Campos, as Restingas e os Manguezais. A **vegetação pantaneira** é uma mistura de espécies de plantas do Cerrado, de Campos e de florestas. Observe a foto ao lado.

👉 Vegetação pantaneira em Aquidauana, no estado de Mato Grosso do Sul, 2015.

▪ Cerrado
Vegetação formada por campos com árvores retorcidas e muitos arbustos. Em alguns trechos, a mata é mais densa, em outros, menos. Ocupa terras planas, na área central do Brasil. Grandes áreas do Cerrado estão sendo desmatadas para ocupação pela agricultura e pecuária.

▪ Caatinga
Vegetação que predomina nas regiões de clima semiárido do Brasil. É formada por arbustos e pequenas árvores, geralmente espinhosas, que perdem suas folhas durante a longa estação seca. Nessa estação, a cor predominante da vegetação é marrom, mas, quando chove, tudo fica verde.

▪ Campos
Os Campos, ou Pampas, são formados por uma vegetação rasteira, como o capim e a grama. Às vezes aparecem algumas árvores isoladas, principalmente perto de rios ou riachos. É uma vegetação típica do Rio Grande do Sul, mas que em grande parte foi substituída pelas plantações e pastagens.

▪ Vegetação litorânea
Formada por Restingas e Manguezais. As **Restingas** são compostas de plantas que se adaptam ao solo arenoso das praias. Existem poucas áreas de Restingas ainda preservadas no Brasil. Os **Manguezais** aparecem no litoral, na beira dos rios, constantemente invadido pela maré. Abrigam muitas espécies de animais, mas estão ameaçados pela poluição e pela ocupação humana.

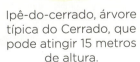

Ipê-do-cerrado, árvore típica do Cerrado, que pode atingir 15 metros de altura.

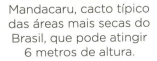

Mandacaru, cacto típico das áreas mais secas do Brasil, que pode atingir 6 metros de altura.

Quebra-panela, uma das espécies de plantas rasteiras da vegetação de Campos.

Capotiraguá, também conhecida como pirixi, é uma espécie de planta rasteira das Restingas, adaptada ao solo arenoso das praias.

Atividades

1 Complete a cruzadinha da vegetação do Brasil.

1. Vegetação formada por Restingas e Manguezais.
2. Vegetação composta de espécies do Cerrado, de Campos e de florestas.
3. Vegetação rasteira, típica do Rio Grande do Sul, composta de capim e grama.
4. Vegetação formada por árvores retorcidas e arbustos.
5. Mata que ocupava extensas áreas do litoral do Brasil.
6. Importante floresta do mundo, que abriga grande variedade de espécies de plantas e animais.
7. Mata onde predomina o pinheiro-do-paraná.
8. Vegetação que aparece onde predomina o clima semiárido no Brasil.
9. O babaçu é típico desse tipo de vegetação.

2 Observe, no mapa abaixo, os principais tipos de vegetação natural do Brasil antes da ocupação do território. Depois, responda às questões.

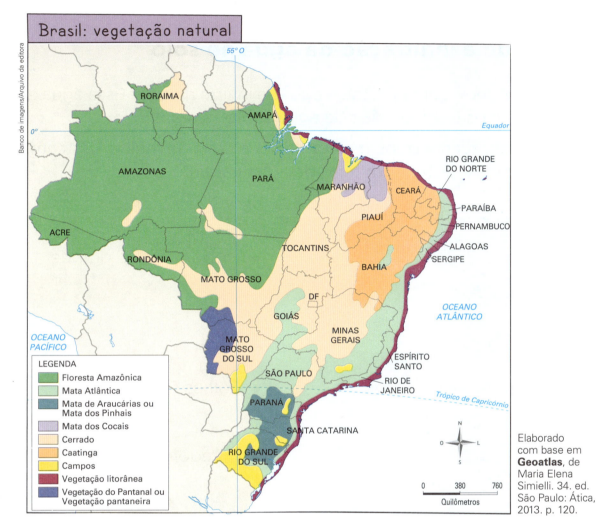

a) Segundo o mapa, que tipo de vegetação natural predomina no estado onde você mora?

....

b) Você sabe se ainda existem áreas com essa vegetação no estado?

....

c) Você conhece outro local onde ela ainda existe?

....

3 Faça a atividade *Dominó: relevo e vegetação* da página 13, do **Caderno de Criatividade e Alegria**.

VOCÊ EM AÇÃO

Simulando a infiltração da água no solo

Quando chove, uma parte da água se infiltra no solo. Essa água abastece os rios e os reservatórios de água subterrânea.

Para compreendermos melhor como a água se infiltra nas camadas de solo, vamos construir um filtro de água caseiro.

Material necessário

- garrafa PET de 2 litros
- areia fina
- areia grossa
- cascalho fino
- cascalho grosso
- algodão
- copo plástico grande
- água
- terra
- folhas
- tesoura com pontas arredondadas

Como fazer

1. Com o auxílio de um adulto, corte a garrafa PET um pouco acima da metade.

2. Encaixe a parte superior da garrafa dentro da parte inferior. Atenção: deixe o bico da garrafa virado para baixo.

3 Na parte superior da garrafa, onde fica o bico, coloque as seguintes camadas de materiais: algodão, areia fina, areia grossa, cascalho fino e cascalho grosso.

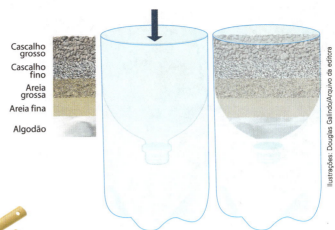

4 No copo grande, misture a água, a terra e as folhas.

5 Despeje, aos poucos, a água "suja" e observe o que ocorrerá.

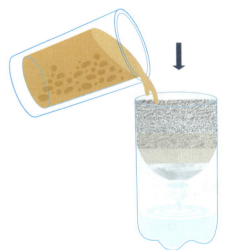

Elaborado com base em **Ciência hoje das crianças**. Disponível em: <http://chc.org.br/acervo/um-filtro-so-seu/>. Acesso em: 13 mar. 2019.

Agora que você já observou o processo de filtragem da água, converse com o professor e os colegas sobre estas questões:

- O que aconteceu com a terra e as folhas que estavam na água?

- Após a filtragem a água ficou mais limpa?

- Ainda há partículas e sujeira visíveis na água filtrada?

Lembre-se de que **essa água não pode ser bebida!** Não se trata de água potável, pois há partículas que podem afetar sua saúde.

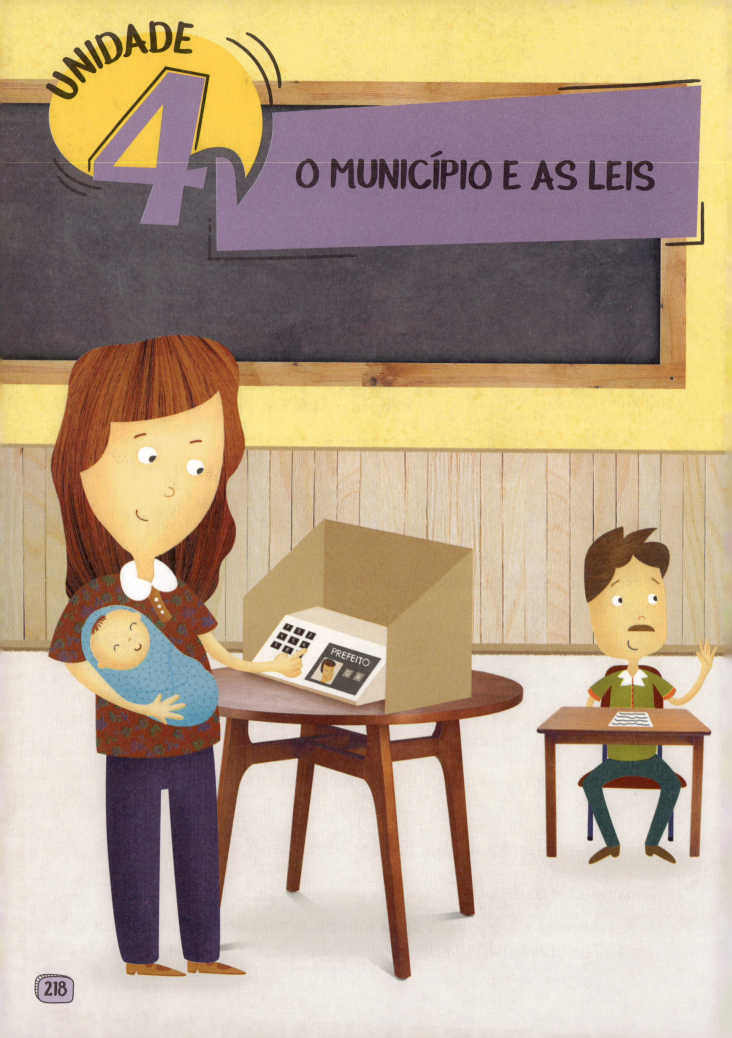

Entre nesta roda

- A cena mostra pessoas em um dia de eleição. Você já participou de alguma votação? De que se tratava?

- Em uma eleição municipal, os cidadãos escolhem quem administrará o município. Quem são as pessoas que administram o município onde você mora?

- Pense no bairro onde você mora e comente com os colegas algo que, na sua opinião, precisa ser melhorado.

Nesta Unidade vamos estudar...

- A vida no município
- A administração do município
- Representação e localização do município

13 QUEM GOVERNA O MUNICÍPIO

Você já viu que, em todo município, a população tem direito a diversos serviços públicos. Mas você sabe quem é responsável por esses serviços?

O **governo** é o conjunto das pessoas e dos órgãos responsáveis por cuidar dos problemas do município e atender às necessidades dos moradores. É o povo que dá esse poder ao governo.

Cuidar de um município, de um estado e de um país são tarefas muito trabalhosas, por isso as pessoas se organizam em grupos para executá-las. Nos municípios, há o Poder Executivo e o Poder Legislativo.

O Poder Executivo

O Poder Executivo atua na prestação de serviços públicos.

No município, o chefe do Poder Executivo é o **prefeito**. Ele é auxiliado em seu trabalho pelo vice-prefeito e pelos secretários. A sede do Poder Executivo do município é a prefeitura.

Prefeitura de Belterra, no estado do Pará, 2016.

O **prefeito** e o **vice-prefeito** são escolhidos pelo povo por meio de **eleições diretas**. A função deles é administrar o município e fazer cumprir as leis.

> **eleições diretas:** escolha que o eleitor faz, por meio do voto direto, isto é, sem intermediários, do candidato que exercerá determinado cargo.

O prefeito é quem define em que será gasto o dinheiro dos impostos que a população do município paga – por exemplo, na construção de obras públicas, como estradas, escolas e hospitais. Para fazer todas essas obras e cuidar dos serviços públicos, ele tem de administrar bem esse dinheiro. Por isso, é importante saber o que cada candidato a prefeito pensa antes de votar.

O Poder Legislativo

O Poder Legislativo é responsável pela criação das leis.

No município, esse poder é formado pelos **vereadores**, que trabalham em grupo para criar leis que melhorem a vida da população. Eles também ajudam a fiscalizar se o prefeito está fazendo o trabalho dele corretamente. A sede do Poder Legislativo do município é a Câmara Municipal.

Os vereadores também são escolhidos por eleições diretas. A quantidade de vereadores de um município depende do número de moradores: quanto mais moradores, mais vereadores.

● Câmara Municipal de São Félix, no estado da Bahia, 2016.

Atividades

1 Que tal saber mais sobre quem governa o município onde você mora?

a) O professor vai dividir a turma em dois grupos.

- O **grupo 1** vai recolher informações sobre o Poder Executivo do município: Qual é o nome do prefeito? Quando ele foi eleito? Quando haverá novas eleições? Onde fica a sede da prefeitura?

- O **grupo 2** vai reunir informações sobre o Poder Legislativo do município: Quantos são os vereadores? Quem é o presidente da Câmara dos Vereadores? Quando haverá novas eleições? Onde fica a Câmara Municipal?

b) Cada grupo vai organizar tudo o que descobriu para apresentar aos colegas no dia marcado pelo professor.

2 Pesquise em casa, com seus familiares, e complete as lacunas.

a) A pessoa que vota se chama _____ e o documento necessário para votar é _____.

b) Você ainda _____ (pode/não pode) votar para escolher o prefeito e os vereadores do município em que vive, porque pessoas menores de _____ de idade não podem votar.

c) As pessoas de sua casa _____ (estão/não estão) satisfeitas com as realizações do prefeito e dos vereadores porque _____

3 Procure em um jornal uma notícia sobre o prefeito do município onde você mora e cole-a no caderno.

a) Leia a notícia para o professor e os colegas e converse com eles sobre o assunto de que a notícia trata.

b) Registre sua opinião: A notícia é boa para a população? Por quê?

....
....
....

4 Imagine que você seja o prefeito do município onde mora. Quais seriam suas principais ações para melhorar a vida da população? Pense em três coisas que você faria, escreva-as abaixo e apresente-as à turma.

....
....
....
....

5 Faça uma pesquisa sobre um projeto relacionado ao ambiente do município onde você mora. Escreva abaixo quem o idealizou (o prefeito ou um vereador) e os resultados obtidos. Se não existir nenhum projeto no município, proponha um que você ache importante.

....
....
....
....
....

O TEMA É...

O papel das leis na vida de povos indígenas e comunidades tradicionais

Povos indígenas e comunidades tradicionais, como os ribeirinhos, os seringueiros e os quilombolas, são grupos de pessoas que têm modos próprios de viver e de se organizar e transmitem seus conhecimentos e sua cultura de geração em geração.

No Brasil, os direitos dessas populações são garantidos pela Constituição, entre outros documentos e leis.

Indígenas Kalapalo da aldeia Aiha colhendo mandioca, em Querência, no estado de Mato Grosso, 2018.

Horta coletiva na comunidade ribeirinha de São Miguel, no rio Arapiuns, em Santarém, no estado do Pará, 2017.

Mulher trabalhando em roça de mandioca, observada por sua filha, na comunidade quilombola Kalunga, em Cavalcante, no estado de Goiás, 2017.

- Que atividades são retratadas nas fotografias?
- No município onde você vive há povos indígenas e comunidades tradicionais? O que você sabe sobre eles?

As comunidades quilombolas ocupam suas terras há muito tempo. Nelas, fazem suas plantações e exploram recursos para o bem de todos os seus membros. Os quilombolas adquiriram o direito de ter a propriedade de suas terras, mas muitas dessas terras ainda não estão regularizadas.

Para os indígenas, a terra tem uma importância muito grande: além de moradia e fonte de sobrevivência, é um espaço sagrado, como você pode ler no texto abaixo.

[...] Quando um índio diz que a própria terra é "sagrada", não é força de expressão. Muitos povos indígenas acreditam em deuses e seres mitológicos ligados a elementos da natureza, e o território é o espaço físico onde essas divindades se manifestam. Ou seja: a terra não é apenas o lugar onde os índios moram. É um elemento central da religião e da identidade cultural deles. "É o lugar onde descansam os espíritos de nossos ancestrais", diz o [membro do povo] yawanawa Joaquim Tashka, que vive no interior do Acre.

[...]

A terra sagrada dos índios. **Superinteressante**, jun. 2013. Disponível em: <https://super.abril.com.br/comportamento/a-terra-sagrada-dos-indios/>. Acesso em: 17 fev. 2019.

● Indígenas de diversas etnias em manifestação pela demarcação de suas terras, em São Paulo, no estado de São Paulo, 2019.

- Qual é a importância do reconhecimento e da regularização das terras ocupadas por comunidades tradicionais?
- Por que é importante existirem leis que garantam às populações tradicionais a permanência em suas terras?

14 REPRESENTANDO O MUNICÍPIO, O ESTADO E O PAÍS

A localização do município

No mapa do Brasil abaixo, observe a localização do município onde Tadeu mora.

Fonte: elaborado com base em **Atlas geográfico escolar**. 7. ed. Rio de Janeiro: IBGE, 2016. p. 90.

Como representar os espaços do município

Você já aprendeu que o município é formado pela área urbana, também conhecida como cidade, e pela área rural, também chamada campo.

Observe a ilustração de um município, visto do alto e de lado.

Agora, observe a ilustração do mesmo município, visto de cima para baixo.

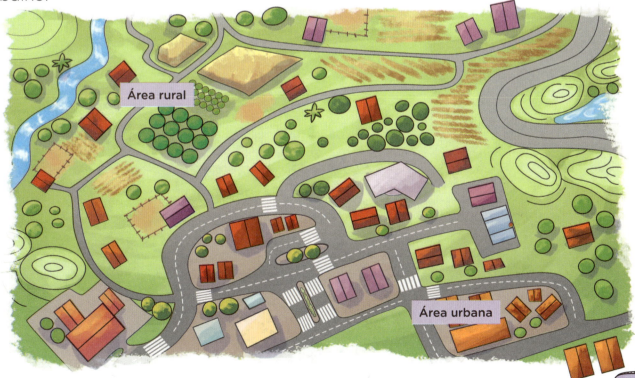

Tadeu tem um amigo chamado João, que mora em um município grande, com área urbana maior que a área rural, e uma amiga chamada Bia, que mora em um município pequeno, com a área rural maior que a área urbana. Veja as ilustrações desses dois municípios.

Município 1 – onde mora João

Município 2 – onde mora Bia

Agora, observe abaixo como podemos representar de outra maneira as paisagens dos municípios 1 e 2, que você viu na página anterior.

A legenda mostra símbolos para a identificação de alguns elementos que aparecem na representação, facilitando a sua utilização – localizar-se, encontrar lugares, traçar os caminhos para chegar até eles, por exemplo.

Observe os símbolos que foram usados em cada representação.

A localização do estado

Nas férias, Tadeu ia sair de Pernambuco, estado onde mora, para passar uma semana com sua tia Alice, que mora em Cabo Frio, no estado do Rio de Janeiro.

Antes de viajar, o menino quis saber a localização dos estados do Rio de Janeiro e de Pernambuco. O pai dele mostrou-lhe um mapa do Brasil. Observe.

Fonte: elaborado com base em **Atlas geográfico escolar**. 7. ed. Rio de Janeiro: IBGE, 2016. p. 90.

- No mapa acima, circule o nome do estado onde Tadeu mora e o do estado onde mora tia Alice.

O pai de Tadeu também explicou ao menino que os estados são divididos em municípios.

Observe os mapas abaixo, em que Tadeu localizou o estado e o município onde mora.

Fonte: elaborado com base em **Atlas geográfico escolar**. 7. ed. Rio de Janeiro: IBGE, 2016. p. 90.

Fonte: elaborado com base em **Cidades**. Disponível em: <https://cidades.ibge.gov.br/>. Acesso em: 13 mar. 2019.

Atividades

1 Observe novamente os mapas das páginas anteriores e faça o que se pede.

a) O estado de Pernambuco é vizinho do estado do Rio de Janeiro?
....

b) Escreva o nome da capital do estado de Pernambuco.
....

c) Descubra e escreva abaixo o nome da capital do estado do Rio de Janeiro.
....

2 O município em que você mora:

☐ fica longe da capital do estado.

☐ fica próximo à capital.

☐ é a capital do estado.

3 Pesquise e escreva o nome dos municípios vizinhos ao município em que você mora.

a) ao norte: ....

b) a oeste: ....

c) a leste: ....

d) ao sul: ....

4 Localize, no mapa abaixo, o estado em que fica o município onde você mora.

a) Pinte no mapa o estado onde você vive.

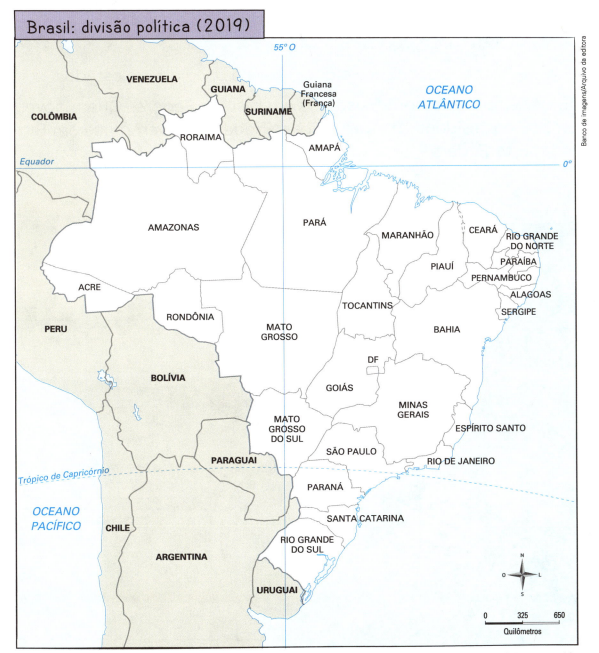

Fonte: elaborado com base em **Atlas geográfico escolar**. 7. ed. Rio de Janeiro: IBGE, 2016. p. 90.

b) Ainda observando o mapa acima, procure identificar aproximadamente, no estado, a localização do município onde você vive.

5 Faça as atividades das páginas 12 e 13 do **Caderno de mapas**.

A localização do país

Na conversa que teve com o pai, Tadeu ficou sabendo, entre outras coisas, a localização de alguns estados e municípios brasileiros.

O município de Cabo Frio fica no estado do Rio de Janeiro; o município do Recife localiza-se no estado de Pernambuco. Esses dois estados estão dentro do território do Brasil.

O pai de Tadeu explicou a ele que o **país** é dividido em estados.

O Brasil é formado por 26 estados e o Distrito Federal. Quem governa o Brasil é o presidente da República. A sede do governo fica em Brasília, no Distrito Federal.

Atividades

1 Ao viajar para Cabo Frio, Tadeu fez desenhos para mostrar aos primos o que havia aprendido na escola e com o pai dele.

- Abaixo, complete as frases de Tadeu.

a) Esta é a .... onde moro.

b) Esta é a .... onde fica minha casa.

c) Este é o .... onde moro. Ele fica no estado de Pernambuco.

d) Esta é uma representação do ...., o país onde vivo.

e) Esta é uma representação da ....

f) E esta é uma representação do planeta onde todos nós vivemos, a ....

2 Agora responda às perguntas a seguir para fazer as mesmas descobertas que Tadeu.

a) Em que rua você mora?

....

b) Em que bairro fica essa rua?

....

c) Em que município fica o bairro onde você mora?

....

d) Em que estado fica o município em que você vive?

....

e) Em que país fica esse estado?

....

f) Em que continente está situado esse país?

....

g) E onde estão todos esses lugares?

....

3 Pesquise e escreva o que se pede.

a) O nome do presidente e do vice-presidente do Brasil.

....

....

b) O nome do governador e do vice-governador do estado onde você mora.

....

....

4. Agora, desenhe ou faça colagens para representar os espaços do município onde você vive. Em sua representação, não se esqueça de indicar um ponto de referência importante do município.

5. Mostre sua representação ao professor e aos colegas. Compare o que você fez com o trabalho dos colegas e troque ideias sobre as questões a seguir.

   a) É possível reconhecer o município e os pontos de referência?

   b) Os pontos de referência indicados são iguais ou diferentes?

6. Faça as atividades das páginas 14 e 15 do **Caderno de mapas**.

VOCÊ EM AÇÃO

Elaborando leis para a escola

Uma forma de mudar as condições de vida das pessoas é elaborar leis e colocá-las em prática. Elas podem evitar conflitos e trazer soluções para problemas que afetam muitas pessoas.

Você tem alguma proposta de lei para melhorar a escola?

Material necessário

- folha de cartolina
- canetinhas coloridas
- lápis
- borracha
- régua

Como fazer

1 Com o auxílio do professor, reúnam-se em grupos de três a quatro alunos.

2 Discuta com os colegas do seu grupo quais são os principais problemas da escola. Vocês devem selecionar apenas um problema para elaborar a lei.

3 Elaborem em conjunto regras que podem solucionar esse problema.

4 No espaço abaixo, anotem as regras propostas pelo grupo.

Lei nº ....

O grupo ...., no uso de suas atribuições, aprova e sanciona a seguinte lei:

Art. 1º: ....
....
....
....

Art. 2º: ....
....
....
....

Art. 3º: ....
....
....
....

Art. 4º: ....
....
....
....

Esta lei entra em vigor na data de sua publicação.

5 Passem a limpo a lei na folha de cartolina e apresentem o trabalho aos outros grupos. Depois, peçam autorização à diretoria para afixar o cartaz nos corredores da escola, para que as outras turmas conheçam a proposta de vocês.

BIBLIOGRAFIA

ALLAN, Luciana. *Escola.com*: como as novas tecnologias estão transformando a educação na prática. Barueri: Figurati, 2015.

ALMEIDA, R. D. (Org.). *Cartografia escolar*. São Paulo: Contexto, 2014.

ALMEIDA, T. T. de O. *Jogos e brincadeiras no Ensino Infantil e Fundamental*. São Paulo: Cortez, 2005.

BANNELL, Ralph Ings et al. *Educação no século XXI*: cognição, tecnologias e aprendizagens. Petrópolis: Vozes; Rio de Janeiro: Editora PUC, 2016.

BITTENCOURT, C. (Org.). *O saber histórico na sala de aula*. São Paulo: Contexto, 2006.

BORGES, Dâmaris Simon Camelo; MARTURANO, Edna Maria. *Alfabetização em valores humanos* — um método para o ensino de habilidades sociais. São Paulo: Summus, 2012.

BOSCHI, Caio César. *Por que estudar História?* São Paulo: Ática, 2007.

BRASIL. Ministério da Educação. Secretaria de Educação Básica. Fundo Nacional de Desenvolvimento da Educação. *Ensino Fundamental de nove anos*: orientações para a inclusão da criança de seis anos de idade. Brasília: SEB/FNDE, 2006.

_____. Ministério da Educação. Secretaria de Educação Fundamental. Base Nacional Comum Curricular (BNCC), Brasília, 2017.

_____. Ministério da Educação. Secretaria de Educação Fundamental. *Parâmetros Curriculares Nacionais*: Temas Transversais: Apresentação, Ética, Pluralidade Cultural, Orientação Sexual. Brasília, 1997.

BUENO, E. *A viagem do descobrimento*: a verdadeira história da expedição de Cabral. Rio de Janeiro: Objetiva, 1998.

CALDEIRA, J. et al. *Viagem pela história do Brasil*. São Paulo: Companhia das Letras, 1997.

CAPRA, F. et al. *Alfabetização ecológica*: a educação das crianças para um mundo sustentável. Tradução de Carmen Fischer. São Paulo: Cultrix, 2006.

CARVALHO, Anna Maria Pessoa de (Org.). *Formação continuada de professores*: uma releitura das áreas do cotidiano. São Paulo: Cengage, 2017.

CASCUDO, L. da C. *Made in Africa*. São Paulo: Global, 2002.

COHEN, Elizabeth G.; LOTAN, Rachel A. *Planejando o trabalho em grupo*: estratégias para salas de aula heterogêneas. Tradução de Luís Fernando Marques Dorvillé, Mila Molina Carneiro, Paula Márcia Schmaltz Ferreira Rozin. Porto Alegre: Penso, 2017.

COLL, C.; TEBEROSKY, A. *Aprendendo História e Geografia*. São Paulo: Ática, 2000.

CURRIE, Karen Lois; CARVALHO, Sheila Elizabeth Currie de. *Nutrição*: interdisciplinaridade na prática. Campinas: Papirus, 2017.

DEBUS, Eliane. *A temática da cultura africana e afro-brasileira na literatura para crianças e jovens*. São Paulo: Cortez/Centro de Ciências da Educação, 2017.

DEMO, Pedro. *Habilidades e competências no século XXI*. Porto Alegre: Mediação, 2010.

DOW, K.; DOWNING, T. E. *O atlas da mudança climática*: o mapeamento completo do maior desafio do planeta. Tradução de Vera Caputo. São Paulo: Publifolha, 2007.

DUDENEY, Gavin; HOCKLY, Nicky; PEGRUM, Mark. *Letramentos digitais*. Tradução de Marcos Marciolino. São Paulo: Parábola Editorial, 2016.

FICO, Carlos. *História do Brasil contemporâneo*. São Paulo: Contexto, 2016.

FILIZOLA, R.; KOZEL, S. *Didática de Geografia*: memória da Terra — o espaço vivido. São Paulo: FTD, 1996.

GARDNER, H. *Mentes que mudam*: a arte e a ciência de mudar as nossas ideias e as dos outros. Tradução de Maria Adriana Veronese. Porto Alegre: Artmed, 2005.

GOULART, I. B. *Piaget*: experiências básicas para utilização pelo professor. Petrópolis: Vozes, 2003.

GUZZO, V. *A formação do sujeito autônomo*: uma proposta da escola cidadã. Caxias do Sul: Educs, 2004. (Educare).

KARNAL, L. *História na sala de aula*: conceitos, práticas e propostas. 5. ed. São Paulo: Contexto, 2007.

KRAEMER, L. *Quando brincar é aprender*. São Paulo: Loyola, 2007.

LA TAILLE, Yves de. *Limites*: três dimensões educacionais. São Paulo: Ática, 2000.

LUCKESI, C. C. *Avaliação da aprendizagem escolar*: estudos e proposições. 22. ed. São Paulo: Cortez, 2011.

MARZANO, R. J.; PICKERING, D. J.; POLLOCK, J. E. *O ensino que funciona*: estratégias baseadas em evidências para melhorar o desempenho dos alunos. Tradução de Magda Lopes. Porto Alegre: Artmed, 2008.

MATTOS, Regiane Augusto de. *História e cultura afro-brasileira*. São Paulo: Contexto, 2016.

MEIRELLES FILHO, J. C. *O livro de ouro da Amazônia*: mitos e verdades sobre a região mais cobiçada do planeta. Rio de Janeiro: Ediouro, 2004.

MELATTI, Julio Cezar. *Índios do Brasil*. São Paulo: Edusp, 2014.

MESGRAVIS, Laima. *História do Brasil colônia*. São Paulo: Contexto, 2017.

OLIVEIRA, Gislene de Campos. *Avaliação psicomotora à luz da psicologia e da psicopedagogia*. Petrópolis: Vozes, 2014.

PAGNONCELLI, Cláudia; MALANCHEN, Julia; MATOS, Neide da Silveira Duarte de. *O trabalho pedagógico nas disciplinas escolares*: contribuições a partir dos fundamentos da pedagogia histórico-crítica. Campinas: Armazém do Ipê, 2016.

PENTEADO, H. D. *Metodologia do ensino de História e Geografia*. São Paulo: Cortez, 2011.

PETTER, M.; FIORIN, J. L. (Org.). *África no Brasil*: a formação da língua portuguesa. São Paulo: Contexto, 2008.

SCHILLER, P.; ROSSANO, J. *Ensinar e aprender brincando*: mais de 750 atividades para Educação Infantil. Tradução de Ronaldo Cataldo Costa. Porto Alegre: Artmed, 2008.

SCHMIDT, M. A.; CAINELLI, M. *Ensinar História*. São Paulo: Scipione, 2004.

SILVA, A. da C. E. *Um rio chamado Atlântico*: a África no Brasil e o Brasil na África. Rio de Janeiro: Nova Fronteira/Ed. da UFRJ, 2003.

SILVA, J. F. da; HOFFMANN, J.; ESTEBAN, M. T. (Org.). *Práticas avaliativas e aprendizagens significativas*: em diferentes áreas do currículo. Porto Alegre: Mediação, 2003.

VERÍSSIMO, F. S. et al. *Vida urbana*: a evolução do cotidiano da cidade brasileira. Rio de Janeiro: Ediouro, 2001.

1 Veja os artefatos que foram recuperados durante a escavação e que agora farão parte do acervo do Museu Arqueológico da cidade. Porém, note que nem tudo pertence ao período relatado por Vasco da Mata. Circule, abaixo, quais são esses objetos.

2 Observe com atenção as escavações arqueológicas e a idade dos objetos ao lado. Qual é a relação entre a idade deles e a profundidade em que foram encontrados?

3 Observe as cenas abaixo, que representam três períodos históricos, e relacione-as aos artefatos que os arqueólogos encontraram durante suas escavações.

Atual
Séc. XX
Séc. XIX
Séc. XVIII
Séc. XVII
Séc. XVI
Séc. XIV

Fontes: FILHO, João M. *Grandes expedições à Amazônia brasileira*: 1500-1930. São Paulo: Metalivros, 2009, p. 10-27; MARTINS, Alberto; KOK, Glória. *Roteiros visuais no Brasil*: artes indígenas. São Paulo: Claro Enigma, 2014, p. 41-53; NEVES, Eduardo. Amazônia, ano 1000. In: NATIONAL GEOGRAPHIC BRASIL. São Paulo: Abril, n. 122, maio 2010, p. 30-49.

CADERNO DE MAPAS

ALUNO: ....
ESCOLA: .... TURMA: ....

REPRESENTAÇÃO

1 Observe as imagens a seguir, que retratam o Monumento dos Três Marcos, em Goiânia, de pontos de vista diferentes. Depois, faça o que se pede.

● Monumento dos Três Marcos, em Goiânia, no estado de Goiás, em 2018.

● Monumento dos Três Marcos, em Goiânia, no estado de Goiás, em 2011.

Monumento dos Três Marcos, em Goiânia, no estado de Goiás, em 2019.

a) As ilustrações abaixo representam a posição do observador em relação à superfície terrestre a partir de três pontos de vista diferentes. Indique a qual foto do monumento se refere cada uma delas. Depois, complete as legendas.

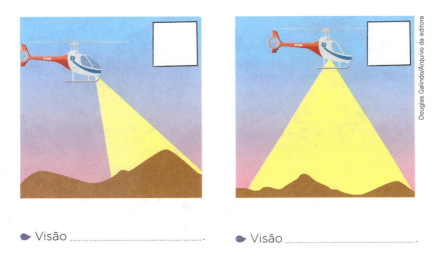

- Visão ....
- Visão ....

- Visão frontal.

b) Qual fotografia retrata a mesma visão representada nos mapas?

....

2 Observe novamente a imagem de satélite do trecho da cidade de Goiânia, onde está o Monumento dos Três Marcos. Em seguida, responda à questão da página seguinte.

● Monumento dos Três Marcos, em Goiânia, no estado de Goiás, em 2018.

- Qual representação abaixo corresponde à interpretação da imagem de satélite? Assinale com um **X**.

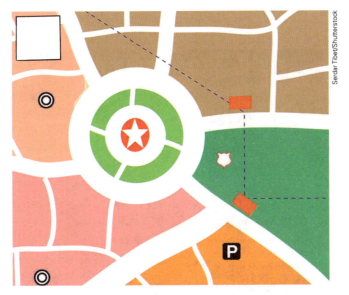

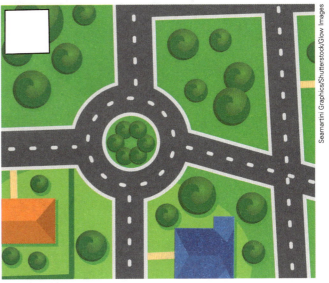

3 Observe a seguir a imagem de satélite de um trecho da cidade de Belo Horizonte, no estado de Minas Gerais.

● Bairro Alípio de Melo, em Belo Horizonte, no estado de Minas Gerais, em 2018.

a) A imagem acima retrata o bairro na visão:

☐ Frontal

☐ Vertical

☐ Oblíqua

b) A planta abaixo é uma interpretação da imagem de satélite da página anterior. Complete-a de acordo com as instruções a seguir:

- Pinte as áreas verdes e as áreas ocupadas com construções de acordo com a legenda.
- Elabore símbolos para representar a escola, a paróquia e o grêmio. Depois, complete a legenda com essas informações.

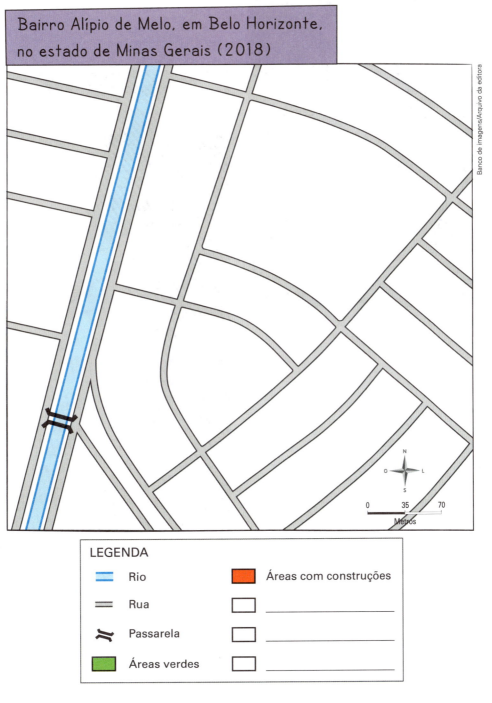

4 Observe as imagens abaixo, que retratam paisagens na visão vertical.

● Bonito, no estado de Mato Grosso do Sul, em 2018.

● São Roque de Minas, no estado de Minas Gerais, em 2017.

a) O que você observa na imagem 1? E na imagem 2?

....

....

....

b) Faça nos espaços abaixo uma representação das paisagens da página anterior. Elabore uma legenda para cada uma, identificando os elementos representados.

1

2

c) Complete o quadro abaixo, de acordo com os elementos observados.

Elementos naturais	Elementos construídos pelos seres humanos

ORIENTAÇÃO

1 A imagem de satélite a seguir mostra um trecho da cidade de Macapá, no estado do Amapá.

● Bairro Trem, em Macapá, no estado do Amapá, em 2018.

a) Trace sobre a imagem os trajetos descritos a seguir. Atenção: utilize as cores indicadas.

- Em vermelho:

Ao sair da escola, pela portaria 1, segui para o sul pela rua Jovino Dinoá. Depois, segui na direção oeste pela rua Diógenes Silva. Foi uma boa caminhada. Ao chegar à rua Hamilton Silva, andei um quarteirão para o norte e, ao cruzar a rua Desidério Antônio Coelho, já avistei a Secretaria de Obras logo à frente.

- **Em marrom:**

  Saindo da Secretaria de Obras, na rua Hamilton Silva, segui para o sul e entrei na rua Desidério Antônio Coelho. Segui para o leste por dois quarteirões. Entrei à esquerda na rua Jovino Dinoá, andei um pouco e cheguei na portaria 1 da escola.

- **Em verde:**

  Precisava chegar rápido à escola para buscar meu filho, então fiz o caminho mais curto: saindo da Secretaria de Obras, na rua Hamilton Silva, segui na direção norte até a avenida Maria Quitéria. Segui por essa rua na direção leste até seu fim, então virei à esquerda, andei um quarteirão e logo entrei à direita. Segui pela rua Cônego Domingos Maltês, até chegar à portaria 2 da escola.

b) Elabore um novo itinerário entre a escola e a Secretaria de Obras, e descreva-o abaixo. Utilize as direções cardeais em sua descrição.

c) Leia sua descrição para um colega e peça a ele que trace o caminho na imagem do seu livro. Indique uma cor para ser usada.

2 Observe o mapa abaixo, que representa o município de Poá e municípios vizinhos, no estado de São Paulo.

Complete a legenda e depois faça o que se pede na página seguinte.

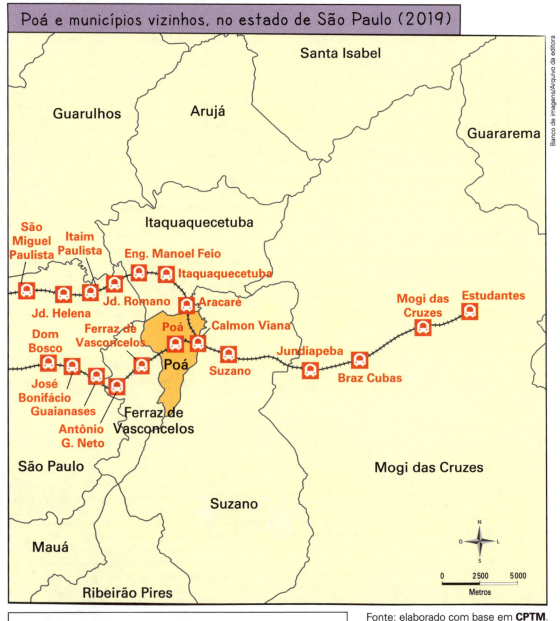

Poá e municípios vizinhos, no estado de São Paulo (2019)

Fonte: elaborado com base em **CPTM**. Disponível em: <https://www.cptm.sp.gov.br/sua-viagem/Pages/Linhas.aspx>. Acesso em: 18 mar. 2019.

LEGENDA

____ Limite entre _____

----- _____

🚉 Estação de trem

a) Com o auxílio da rosa dos ventos, indique os municípios vizinhos de Poá.

	Ao norte:	
A oeste:	**Poá**	A leste: ....
	Ao sul	

b) Consulte o mapa da página anterior e complete o esquema a seguir com a estação de trem que está faltando. Depois, indique nos espaços correspondentes as direções leste e oeste.

Poá —●— Calmon Viana —●— .... —●— Jundiapeba —●—

c) Complete as frases a seguir de acordo com a posição das estações de trem.

A estação de Suzano está a .... da estação Jundiapeba e a .... da estação Calmon Viana. A estação Calmon Viana fica a .... das estações Jundiapeba e Suzano, mas a .... da estação Poá.

d) Como as estações de trem, os limites de município e os territórios dos municípios foram representados no mapa? Ligue as duas colunas.

estação de trem		linha
limite de município		área
território municipal		ícone

Caderno de mapas 13

3 Observe no mapa abaixo os limites dos estados brasileiros e complete a legenda. Depois, faça o que se pede.

Brasil: divisão política (2019)

LEGENDA
____ Limite entre os _____
____ Limite entre os _____
▫ Capital do _____

Fonte: elaborado com base em **Atlas geográfico escolar**. 7. ed. Rio de Janeiro: IBGE, 2016. p. 90.

a) Nomeie no mapa os estados brasileiros e o Distrito Federal.

b) Pinte e depois nomeie no mapa o oceano que banha o Brasil.

c) Pinte no mapa o estado onde estão localizados os municípios representados no mapa da página 12.

d) Escolha outra cor e pinte no mapa os estados vizinhos desse estado.

e) Com auxílio da rosa dos ventos, indique, dentre os estados que você pintou, o estado vizinho de São Paulo que está:

- Ao norte: ....
- Ao sul: ....
- A leste: ....
- A oeste: ....

f) Escolha uma terceira cor e pinte outro estado brasileiro. Depois, utilizando a rosa dos ventos, indique a direção dele em relação a São Paulo. Lembre-se de utilizar, além das direções cardeais, as direções colaterais, se necessário (consulte a rosa dos ventos da página 133 do livro).

....

g) Complete as frases:

- O Brasil é formado por .... estados e o Distrito Federal, onde se localiza Brasília, a .... do país.
- Cada estado brasileiro é dividido em ....
- Os .... administram os municípios brasileiros, os .... administram os estados brasileiros. O presidente governa o país.

SUGESTÕES DE VÍDEOS

24 Hours of World Air Traffic (24 horas de tráfego aéreo mundial)

<https://youtu.be/LrxalYXXBfI>. Acesso em: mar. 2019.

Essa animação mostra, sobre um planisfério, todos os voos realizados no mundo ao longo de um dia. Será que esse tipo de informação poderia ser representado em um mapa? *Site* em inglês.

Closed Zone (Zona fechada)

<https://youtu.be/Hzqw7oBZT8k>. Acesso em: mar. 2019.

E se os limites do mapa formassem uma prisão? Essa animação mostra, com bom humor, as dificuldades vividas pela população da Faixa de Gaza, no Oriente Médio, que vive confinada em uma pequena extensão de terra. *Site* em inglês.

Powers of Ten (Potências de dez)

<https://youtu.be/0fKBhvDjuy0>. Acesso em: mar. 2019.

Tudo começa com um piquenique no parque; utilizando o sistema métrico, vamos nos afastando da superfície da Terra e chegamos ao Universo. A escala, tão utilizada na elaboração de mapas, é um conteúdo matemático presente em diversos estudos, como na Astronomia. *Site* em inglês.

São Paulo Miniatura

<https://vimeo.com/84058547>. Acesso em: mar. 2019.

Diversos lugares da cidade de São Paulo são mostrados nesse vídeo como se fossem miniaturas – o espectador fica em dúvida se algumas imagens são mesmo reais! Reduzir as dimensões de uma metrópole tão grande como São Paulo é um passo importante para aprender a fazer mapas. Nesse vídeo, você poderá imaginar quanto se reduz o tamanho dos elementos para que sejam representados nos mapas.

CADERNO DE CRIATIVIDADE E ALEGRIA

ALUNO: ....
ESCOLA: .... TURMA: ....

editora scipione

SUMÁRIO

TODA CRIANÇA TEM DIREITO	3
INTERLIGADO	7
DOMINÓ: RELEVO E VEGETAÇÃO	13

TODA CRIANÇA TEM DIREITO

O Estatuto da Criança e do Adolescente (ECA) é uma lei que foi estabelecida no Brasil em 1990, para garantir proteção integral a crianças e adolescentes. Com a criação do Estatuto, todas as crianças e adolescentes passaram a ser reconhecidos como sujeitos que têm direitos, cabendo à família, ao Estado e à sociedade fazer com que esses direitos sejam cumpridos.

Monte o quebra-cabeça a seguir e descubra um pouco mais sobre alguns direitos garantidos pelo ECA.

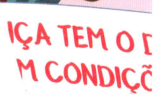

INTERLIGADO

Para que as pessoas possam viver bem e confortavelmente, são necessários muitos produtos, serviços e, claro, profissionais que realizam as mais diversas atividades.

Separe as cartas desse jogo em três montes: **profissionais (A)**, **produtos (B)** e **locais (C)**. Embaralhe cada monte separadamente e coloque-os sobre a mesa, virados para baixo. Em seguida, pegue uma carta de cada monte. Você terá um minuto para criar uma história com essas três cartas, por exemplo: "O *professor* estava de férias e foi viajar para o campo. Na estrada, ele avistou uma *plantação de cana-de-açúcar* muito grande. Quando chegou ao seu destino, percebeu que tinha esquecido a mala com *roupas* novas que havia comprado especialmente para a viagem!".

Você pode jogar em dupla ou em grupo, com até 4 participantes. Use sua criatividade para contar histórias divertidas que demonstrem como tudo está interligado!

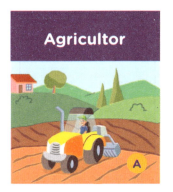
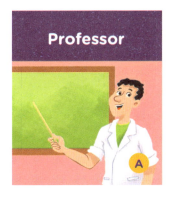
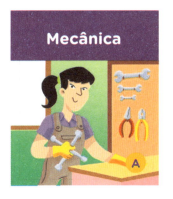

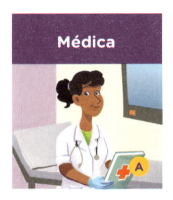

Pescador
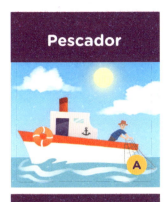

Arquiteto

Roupas

Frutas, verduras e legumes

Celular

Vendedora

Farmacêutica
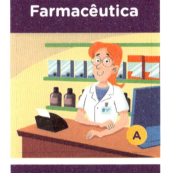

Carne
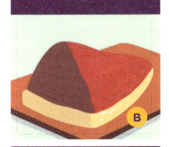

Livros
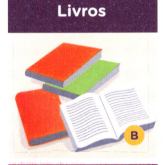

Ônibus

Massagista
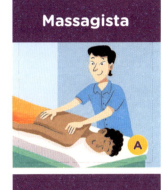

Bombeira
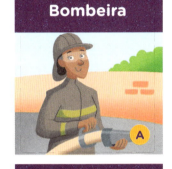

Ovos

Guarda-chuva

Cama
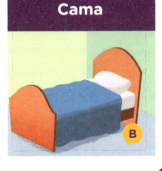

Fogão	Televisão	Carro
 B	 B	 B
Plantação de cana-de-açúcar	Praça	Padaria
 C	 C	 C
Restaurante	Indústria metalúrgica	Clínica veterinária
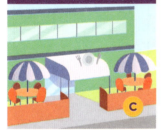 C	 C	 C
Escola	Supermercado	Indústria têxtil
 C	 C	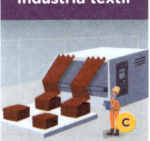 C
Feira livre	Salão de cabeleireiro	Curral
 C	 C	 C

DOMINÓ: RELEVO E VEGETAÇÃO

Este dominó de cartas pode ser jogado em duplas ou trios. Embaralhe as cartas e distribua-as entre os participantes. Se estiverem em dupla, aquele que tiver mais cartas começa o jogo. Se estiverem em trios, devem decidir quem vai jogar primeiro.

O primeiro jogador escolhe uma carta e a coloca na mesa. O jogador seguinte deve continuar o dominó, encaixando a peça correta em alguma das pontas. Para encaixar as peças, é preciso unir a imagem à descrição correta. Se o jogador não tiver uma peça que se encaixe em alguma das pontas, passa a vez para o jogador seguinte. Quem ficar sem cartas primeiro, ganha o jogo.

Atenção: as cartas com os escritos DOMINÓ e RELEVO E VEGETAÇÃO são as pontas do jogo e não podem ser encaixados em nenhum lugar!

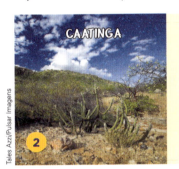
CAATINGA — É uma forma de relevo que tem baixa altitude, sendo cercada por montanhas e áreas mais altas. Geralmente é formada pela ação de rios. (2 / 15)

CERRADO — DOMINÓ (1)

CAMPOS — Formação vegetal que ocorre no litoral. São regiões constantemente atingidas pelas marés, o que torna o solo uma lama escura e mole. (3 / 4)

MANGUE — É uma grande extensão de terreno plano, sem ondulações. (4 / 11)

RESTINGA — Formação vegetal composta de palmeiras, como o babaçu e a carnaúba, importantes para as atividades extrativistas dos habitantes dessa região. (5 / 9)

FLORESTA AMAZÔNICA — Formação vegetal caracterizada por árvores baixas e retorcidas, arbustos e gramíneas. Grandes áreas vêm sendo devastadas para prática da agropecuária. (6 / 1)

MATA ATLÂNTICA

Formação vegetal composta de arbustos e árvores pequenas, muitas vezes espinhosas, adaptadas ao clima seco do Nordeste brasileiro.

7 | 2

MATA DE ARAUCÁRIAS

É uma forma de relevo elevada com o topo plano.

8 | 14

MATA DOS COCAIS

Relevo bastante acidentado, com muitos desníveis e picos, formando um conjunto de morros e montanhas.

9 | 13

PANTANAL

Pequena elevação de terreno.

10 | 12

PLANÍCIE

É uma região com grandes áreas que ficam alagadas boa parte do ano e apresenta uma vegetação que mistura formações da Amazônia, do Cerrado e da Mata Atlântica.

11 | 10

MORRO

Formação vegetal composta de plantas que se adaptam ao terreno arenoso das praias.

12 | 5

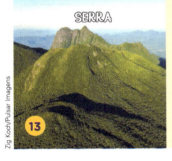
SERRA

Era a mata original de todo o litoral brasileiro, com formações florestais e grande variedade de vegetação. Desde a colonização, foi reduzida a apenas 8% de seu território original.

13 | 7

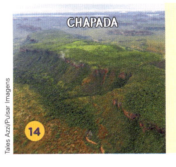
CHAPADA

Uma das florestas mais importantes do mundo, abriga uma enorme variedade de plantas. Algumas árvores podem chegar a 50 metros de altura.

14 | 6

VALE

Formação vegetal típica da região Sul do país, em que predominam os pinheiros. A exploração da madeira praticamente extinguiu essa vegetação, restando, atualmente, cerca de 2% do território original.

15 | 8

RELEVO E VEGETAÇÃO

Também chamada de Pampas, essa formação vegetal apresenta árvores isoladas e vegetação rasteira, como capim e grama.

3

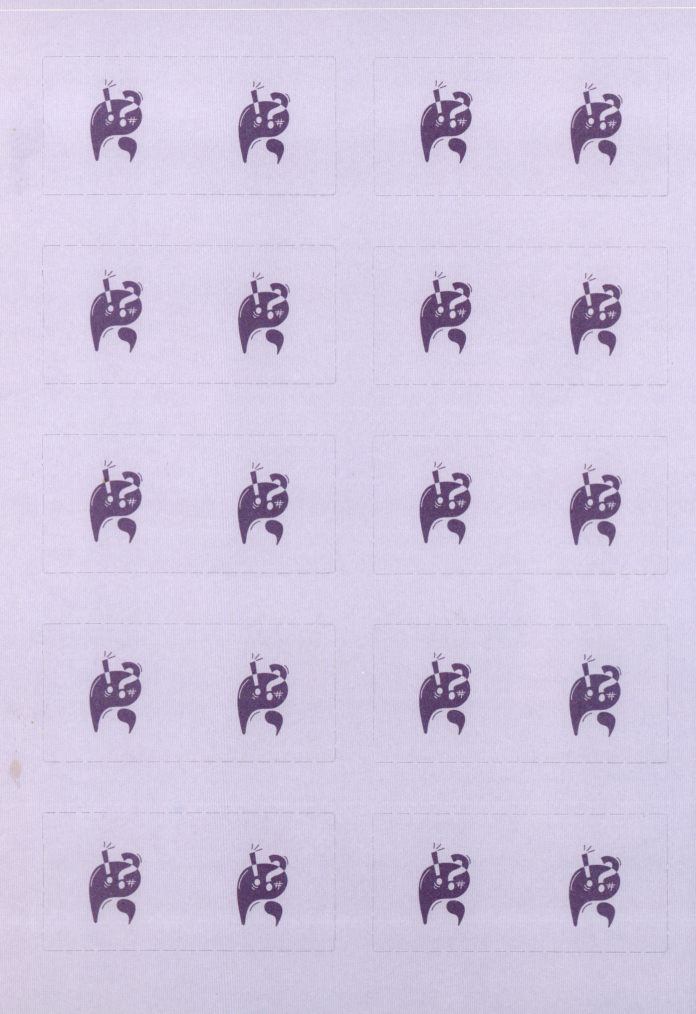